essentials

Essentials liefern aktuelles Wissen in konzentrierter Form. Die Essenz dessen, worauf es als „State-of-the-Art" in der gegenwärtigen Fachdiskussion oder in der Praxis ankommt. *Essentials* informieren schnell, unkompliziert und verständlich

- als Einführung in ein aktuelles Thema aus Ihrem Fachgebiet
- als Einstieg in ein für Sie noch unbekanntes Themenfeld
- als Einblick, um zum Thema mitreden zu können

Die Bücher in elektronischer und gedruckter Form bringen das Fachwissen von Springerautor*innen kompakt zur Darstellung. Sie sind besonders für die Nutzung als eBook auf Tablet-PCs, eBook-Readern und Smartphones geeignet. *Essentials* sind Wissensbausteine aus den Wirtschafts-, Sozial- und Geisteswissenschaften, aus Technik und Naturwissenschaften sowie aus Medizin, Psychologie und Gesundheitsberufen. Von renommierten Autor*innen aller Springer-Verlagsmarken.

Klaus Fritzsche

Komplexe
Mannigfaltigkeiten

Klaus Fritzsche
Bergische Universität Wuppertal
Wuppertal
Nordrhein-Westfalen, Deutschland

ISSN 2197-6708   ISSN 2197-6716   (electronic)
essentials
ISBN 978-3-662-69134-2   ISBN 978-3-662-69135-9   (eBook)
https://doi.org/10.1007/978-3-662-69135-9

Die Deutsche Nationalbibliothek verzeichnet diese Publikation in der Deutschen Nationalbibliografie; detaillierte bibliografische Daten sind im Internet über https://portal.dnb.de abrufbar.

Planung/Lektorat: Andreas Ruedinger
Springer Spektrum ist ein Imprint der eingetragenen Gesellschaft Springer-Verlag GmbH, DE und ist ein Teil von Springer Nature.
Die Anschrift der Gesellschaft ist: Heidelberger Platz 3, 14197 Berlin, Germany

Das Papier dieses Produkts ist recycelbar.

Was Sie in diesem *essential* finden können

- Im ersten Kapitel eine komprimierte Einführung in die Funktionentheorie von mehreren komplexen Veränderlichen, also grundlegende Sätze über holomorphe Funktionen (Identitätssatz, Maximumprinzip, Potenzreihenentwicklung, Cauchy-Riemann-Theorie, Riemannsche Hebbarkeitssätze und Sätze über inverse Abbildungen und implizite Funktionen), wobei die Gemeinsamkeiten und Unterschiede zur klassischen Funktionentheorie und zur Analysis von mehreren reellen Variablen herausgearbeitet werden. Beweise werden dabei häufig nur angedeutet.
- Im zweiten Kapitel werden zunächst die grundlegenden Begriffe und Sätze aus der Theorie der komplexen Mannigfaltigkeiten besprochen, wobei nun Potenzreihen durch die Technik der Garben und Funktionskeime ersetzt werden müssen.
- Ein wichtiges Hilfsmittel ist die Linearisierung, die in Gestalt von tangentialen Strukturen und Vektorbündeln vorgenommen wird.
- Zahlreiche Beispiele liefern Liegruppen und Quotientenmannigfaltigkeiten, wie etwa Tori und projektive Räume.
- Es wird gezeigt, dass es auf kompakten komplexen Mannigfaltigkeiten keine nicht-konstanten globalen holomorphen Funktionen gibt, und als Kontrast dazu lernt man die Steinschen Mannigfaltigkeiten kennen, die sehr reich an Funktionen sind.
- Einen abschließenden Höhepunkt bilden die projektiv-algebraischen Mannigfaltigkeiten, mit denen der Brückenschlag zur Algebraischen Geometrie gelingt. Zu den Beispielen gehört der Hopf'sche σ-Prozess, bei dem ein projektiver Raum in eine vorhandene Mannigfaltigkeit eingesetzt wird.

Vorwort

Dieses Buch wendet sich an alle, die in ihrem Arbeitsgebiet gelegentlich komplexen Mannigfaltigkeiten begegnen und über diese etwas mehr wissen wollen, zum Beispiel Topologen, Differentialgeometer, algebraische Geometer oder theoretische Physiker. Studierende der Theorie der komplexen Funktionen von mehreren Veränderlichen können hier aber auch schon mal in ihren späteren Studienschwerpunkt hineinschnuppern.

Das Essential stellt keine Einführung in die komplexe Analysis von mehreren Veränderlichen dar, dafür ist jene viel zu umfangreich. Es fehlen hier zum Beispiel die verschiedenen Konvexitätsbegriffe, die besonders bei der Anwendung reeller Methoden eine wichtige Rolle spielen, sowie der Weierstraßsche Vorbereitungssatz mit seinen Anwendungen auf die algebraische Theorie analytischer Mengen, die in der Technik der kohärenten analytischen Garben gipfelt.

Das Studium von abstrakten komplexen Mannigfaltigkeiten begann Ende der 1940er Jahre, dabei sind Namen wie K. Kodaira, H. Cartan, H. Behnke, K. Oka, K. Stein, P. Lelong und P. Dolbeault zu nennen. In den 1960er Jahren wurden große Teile der modernen komplexen Analysis entwickelt, unter anderem von H. Grauert und R. Remmert. Erste Lehrbücher (zum Beispiel *Analytic Functions of Several Complex Variables* von R.C. Gunning und H. Rossi (Prentice-Hall, 1965), sowie *An Introduction to Complex Analysis in Several Variables* von L. Hörmander (van Nostrand, 1966) erreichten ein breiteres Publikum. Eine der ersten elementaren Einführungen entstand 1973 aus einer Ausarbeitung einer Vorlesung von Hans Grauert durch den Autor (vgl. [3]). Mehr als 25 Jahre später äußerte Grauert den Wunsch, zusammen mit mir eine neue Einführung zu schreiben. Er dachte wohl eher an eine kompakte Darstellung, nicht viel umfangreicher als ein Essential, aber das Projekt entwickelte sich dynamisch bald zu einem größeren Werk (siehe [2]). Wir hatten beide viel Spaß bei der Arbeit, und Grauert schien etwas heimliche Freude dabei zu empfinden, auch tiefere Sätze aus der Komplexen Analysis ohne Verwendung kohärenter Garben beweisen zu können, obwohl er doch immer ganz besonders mit den von ihm hergeleiteten Kohärenzsätzen identifiziert wurde. Leider erkrankte er kurz nach der Arbeit schwer und starb dann viel zu früh. Deshalb möchte ich ihm gerne das vorliegende Büchlein widmen. In [2] finden sich alle Beweise, die man hier vielleicht vermisst, aber darüber hinaus eine umfangreiche Einführung in die Komplexe Analysis von mehreren Veränderlichen. Sehr viel tiefer geht natürlich die berühmte Trilogie von H. Grauert und R.Remmert: *Analytische Stellenalgebren* (Springer, 1971), *Theorie der Steinschen Räume* (Springer, 1977, vgl. auch [4]) und *Coherent Analytic Sheaves* (Springer, 1984).

Weitere empfehlenswerte Monographien zur Komplexen Analysis von mehreren Veränderlichen sind etwa *Holomorphic Functions of Several Variables* von L. Kaup und B. Kaup (Walter de Gruyter, 1983), *Holomorphic Functions and Integral Representations in Several Complex Variables* von R. M. Range (Springer, 1986) und *Introduction to Complex Analysis II* von B. V. Shabat (Translations of Math. Monographs 110, AMS, 1992). Natürlich ist die Liste nicht vollständig. Ein paar Bücher, die sich speziell auf komplexe Mannigfaltigkeiten konzentrieren, finden sich im Literaturverzeichnis: [5], [6] und [9].

Den Zusammenhang zwischen komplexer und algebraischer Geometrie behandelt zum Beispiel das Buch [8], aber auch *Algebraic Geometry I (Complex Projective Varieties)* von D. Mumford (Springer, 1976) und *Introduction to Complex Analytic Geometry* von S. Lojasiewicz (Birkhäuser, 1991). Über Anwendungen der komplexen Analysis in der theoretischen Physik, speziell in der Quantenfeldtheorie (Edge-of-the-Wedge theorem) oder der Eichfeldtheorie erfährt man etwas in *Les Fonctions de Plusieurs Variables Complexes (et leur application à la théorie quantique des champs)* von V. S. Vladimirov (Dunod, Paris 1967), *PCT, Spin & Statistics, and All That* von R. F. Streater und A. S. Wightman (Benjamin, New York 1964, deutsche Übersetzung BI, Mannheim 1969) und *Geometry of Yang-Mills Fields* von M. F. Atiyah (Scuola Normale Superiore, Pisa 1979).

Vorausgesetzt werden vor allem Kenntnisse in Reeller Analysis und Linearer Algebra. Grundlagen aus der Funktionentheorie (vgl. [1]) sind nützlich, aber nicht unbedingt erforderlich. Gleiches gilt für Vorkenntnisse über (reelle) differenzierbare Mannigfaltigkeiten. Als Literatur darüber würde ich *Foundations of Differentiable Manifolds and Lie Groups* von F. W. Warner (Scott, Foresman and Co, 1871) empfehlen.

Klaus Fritzsche

Inhaltsverzeichnis

Funktionentheorie im $\mathbb{C}^n$

1.1 Geometrie im $\mathbb{C}^n$

Der $\mathbb{C}^n$ ist ein Vektorraum über dem Körper $\mathbb{C}$ mit der *Standardbasis*

$$\mathbf{e}_1 := (1, 0, \ldots, 0), \ldots, \mathbf{e}_n := (0, \ldots, 0, 1). \tag{1.1}$$

Über die Zuordnung $(x_1 + iy_1, \ldots, x_n + iy_n) \longmapsto (x_1, \ldots, x_n, y_1, \ldots, y_n)$ identifizieren wir den $\mathbb{C}^n$ mit dem $2n$-dimensionalen reellen Vektorraum $\mathbb{R}^{2n} = \{(\mathbf{x}, \mathbf{y}) = (x_1, \ldots, x_n, y_1, \ldots, y_n) : x_i, y_i \in \mathbb{R} \text{ für } i = 1, \ldots, n\}$[1]

Definition 1.1 Die *euklidische Norm* eines Vektors $\mathbf{z} \in \mathbb{C}^n$ ist gegeben durch

$$\|\mathbf{z}\| := \sqrt{z_1 \overline{z}_1 + \cdots + z_n \overline{z}_n}, \tag{1.2}$$

der *euklidische Abstand* zwischen $\mathbf{z}$ und $\mathbf{w}$ durch $\mathrm{dist}(\mathbf{z}, \mathbf{w}) := \|\mathbf{z} - \mathbf{w}\|$.

Eine äquivalente Norm ist die *Supremumsnorm* (oder der *Betrag*) eines Vektors: $|\mathbf{z}| := \max_{\nu=1,\ldots,n} |z_\nu|$. Diese Norm definiert die gleiche Topologie auf dem $\mathbb{C}^n$ wie die euklidische Norm, und diese Topologie stimmt mit der gewöhnlichen Topologie auf dem $\mathbb{R}^{2n}$ überein.

Definition 1.2 $B_r(\mathbf{z}_0) := \{\mathbf{z} \in \mathbb{C}^n : \mathrm{dist}(\mathbf{z}, \mathbf{z}_0) < r\}$ bezeichnet die *(offene) Kugel* vom Radius r mit Mittelpunkt $\mathbf{z}_0$.

---

[1] Einen Zeilenvektor bezeichnen wir mit einem fetten Symbol, zum Beispiel $\mathbf{v}$, den entsprechenden Spaltenvektor als transponierten Vektor $\mathbf{v}^\top$.

© Der/die Autor(en), exklusiv lizenziert an Springer-Verlag GmbH, DE, ein Teil von Springer Nature 2024
K. Fritzsche, *Komplexe Mannigfaltigkeiten*, essentials,
https://doi.org/10.1007/978-3-662-69135-9_1

Eine solche Kugel im $\mathbb{C}^n$ ist auch eine Kugel im $\mathbb{R}^{2n}$, und ihr topologischer Rand $\partial B_r(\mathbf{z}_0) = \{\mathbf{z} \in \mathbb{C}^n : \text{dist}(\mathbf{z}, \mathbf{z}_0) = r\}$ ist eine $(2n-1)$-dimensionale Sphäre.

Definition 1.3 Es sei $\mathbf{r} = (r_1, \ldots, r_n) \in \mathbb{R}^n$ und alle $r_\nu > 0$. Außerdem sei $\mathbf{z}_0 = (z_1^{(0)}, \ldots, z_n^{(0)}) \in \mathbb{C}^n$. Dann nennt man

$$\mathsf{P}^n(\mathbf{z}_0, \mathbf{r}) := \left\{\mathbf{z} \in \mathbb{C}^n : |z_\nu - z_\nu^{(0)}| < r_\nu \text{ für } \nu = 1, \ldots, n\right\} \tag{1.3}$$

den *(offenen) Polyzylinder* mit *Polyradius* $\mathbf{r}$ und Zentrum $\mathbf{z}_0$. Ist $r \in \mathbb{R}_+$ und $\mathbf{r} := (r, \ldots, r)$, so schreiben wir $\mathsf{P}_r^n(\mathbf{z}_0)$ statt $\mathsf{P}^n(\mathbf{z}_0, \mathbf{r})$. Speziell nennt man $\mathsf{P}^n := \mathsf{P}_1^n(\mathbf{0})$ den *Einheitspolyzylinder* um $\mathbf{0}$.

Ein Polyzylinder ist also das kartesische Produkt von n Kreisscheiben. Wir sind nicht am topologischen Rand eines Polyzylinders interessiert, wohl aber an folgendem Bestandteil des Randes:

Definition 1.4 Der *ausgezeichnete Rand* des Polyzylinders $\mathsf{P}^n(\mathbf{z}_0, \mathbf{r})$ ist die Menge $\mathsf{T}^n(\mathbf{z}_0, \mathbf{r}) = \left\{\mathbf{z} \in \mathbb{C}^n : |z_\nu - z_\nu^{(0)}| = r_\nu \text{ für } \nu = 1, \ldots, n\right\}$.

Der ausgezeichnete Rand eines Polyzylinders ist das kartesische Produkt von n Kreisen. Eine solche Menge ist topologisch äquivalent zu einem (reell) n-dimensionalen *Torus*.[2] Im Falle $n = 1$ reduziert sich ein Polyzylinder zu einer einfachen Kreisscheibe, und sein ausgezeichneter Rand ist dann doch sein topologischer Rand. Im Falle $n \geq 1$ kann man sich das Produkt von n Kreisscheiben natürlich schwer vorstellen. Da hilft dann eine Vereinfachung:

Definition 1.5 Die Menge $\mathscr{V} := \{\mathbf{r} = (r_1, \ldots, r_n) \in \mathbb{R}^n : r_\nu \geq 0 \text{ für } \nu = 1, \ldots, n\}$ nennt man den *absoluten Raum*, die Abbildung $\tau : \mathbb{C}^n \to \mathscr{V}$ mit $\tau(z_1, \ldots, z_n) := (|z_1|, \ldots, |z_n|)$ die *natürliche Projektion*.

Die Abbildung τ ist stetig und surjektiv. Für jedes $\mathbf{r} \in \mathscr{V}$ ist das Urbild $\tau^{-1}(\mathbf{r})$ ein Torus $\mathsf{T}^n(\mathbf{0}, \mathbf{r})$. Für $\mathbf{z} \in \mathbb{C}^n$ setzen wir $\mathsf{P}_\mathbf{z} := \mathsf{P}^n(\mathbf{0}, \tau(\mathbf{z}))$ und $\mathsf{T}_\mathbf{z} := \mathsf{T}^n(\mathbf{0}, \tau(\mathbf{z})) = \tau^{-1}(\tau(\mathbf{z}))$. Das Bild von $\mathsf{T}_\mathbf{z}$ im absoluten Raum ist der Punkt $\mathbf{r} = \tau(\mathbf{z})$, und im Falle $n = 2$ besteht das Bild von $\mathsf{P}_\mathbf{z}$ aus dem Inneren des Rechtecks zwischen $\mathbf{0}$ und $\mathbf{r}$ und den Randpunkten auf den Achsen (vgl. Abb. 1.1).

---

[2] Den 2-dimensionalen Torus kennt man typischerweise als Oberfläche eines Rettungsringes oder Donuts. In höheren Dimensionen versagt leider das räumliche Vorstellungsvermögen.

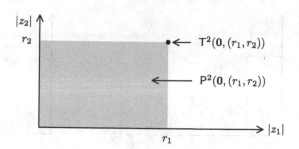

Abb. 1.1 Ein Polyzylinder im absoluten Raum

Die Kugeln bzw. Polyzylinder bilden jeweils eine Basis der Topologie des $\mathbb{C}^n$. Unter einem **Gebiet** verstehen wir eine **zusammenhängende** offene Menge G, also eine offene Menge, in der je zwei Punkte durch einen stetigen Weg innerhalb der Menge verbunden werden können.

Definition 1.6 Ein **Reinhardtsches Gebiet** ist ein Gebiet $G \subset \mathbb{C}^n$, das mit jedem $\mathbf{z}$ auch den gesamten Torus $\mathsf{T}_\mathbf{z}$ enthält.

Weil bei einem Reinhardtschen Gebiet $\tau^{-1}\tau(G) = G$ ist, wird es recht gut durch sein Bild $\tau(G)$ im absoluten Raum $\mathscr{V}$ visualisiert. Das trifft zum Beispiel auf Polyzylinder um den Ursprung zu, aber auch auf Kugeln um 0. Wollte man sich aber (etwa im Falle $n = 2$) das wahre Gebiet G im 4-dimensionalen Raum vorstellen, so müsste man $\tau(G)$ in $\mathscr{V}$ einmal um die x-Achse und einmal um die y-Achse rotieren lassen (und das natürlich ohne irgendwelche Selbstdurchdringungen).

Beispiel 1.7 Sei $\mathbf{z}_0 \in \mathbb{C}^n$, mit $|z_\nu^{(0)}| > 1$ für $\nu = 1, \ldots, n$. Dann ist $\tau(e^{i\theta}\mathbf{z}_0) = \tau(\mathbf{z}_0)$, aber $|e^{i\theta}\mathbf{z}_0 - \mathbf{z}_0| = |e^{i\theta} - 1||\mathbf{z}_0| > |e^{i\theta} - 1|$, und für geeignetes θ kann dieser Ausdruck größer als ε sein. Deshalb ist $\mathsf{P}^n(\mathbf{z}_0, \varepsilon)$ **kein** Reinhardtsches Gebiet.

Definition 1.8 Ein Reinhardtsches Gebiet $G \subset \mathbb{C}^n$ heißt **eigentlich,** wenn es den Nullpunkt enthält, bzw. **vollständig,** wenn für alle $\mathbf{z} \in G \cap (\mathbb{C}^*)^n$ auch $\mathsf{P}_\mathbf{z} \subset G$ ist (vgl. Abb. 1.2).

Erwähnt werden soll hier noch eine kuriose Tatsache über Mengen im komplexen Raum. Wenn eine reelle Hyperebene im $\mathbb{R}^n$ ein konvexes Gebiet trifft, dann schneidet sie dieses Gebiet in disjunkte, offene Teile. Für komplexe Hyperebenen im $\mathbb{C}^n$ (die dann die reelle Dimension $2n - 2$ haben) ist das nicht der Fall.

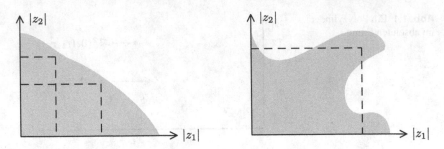

Abb. 1.2 Ein vollständiges und ein unvollständiges, eigentliches Reinhardtsches Gebiet

Proposition 1.9 *Sei* $G \subset \mathbb{C}^n$ *ein Gebiet und* $E := \{\mathbf{z} = (z_1, \ldots, z_n) \in \mathbb{C}^n :$
$z_1 = 0\}$. *Dann ist* $G' := G \setminus E$ *wieder ein Gebiet.*

Beweis Besonders einfach zu sehen ist die Behauptung im Falle des Polyzylinders
$G = \mathsf{P}^n$. Dann ist G' das Produkt aus einer punktierten Kreisscheibe und einem
Polyzylinder in $n - 1$ Variablen, und der gewünschte Verbindungsweg zwischen
zwei Punkten aus G' lässt sich ganz leicht konstruieren. Bei einem beliebigen Polyzylinder sieht es ähnlich aus.

Im allgemeinen Fall wird es etwas technischer. Da verbindet man zwei Punkte
aus G durch einen Weg innerhalb von G und überdeckt dann diesen Weg durch
endlich viele, kleine Polyzylinder $P_i \subset G$, in denen man jeweils Umleitungen
konstruiert, die E nicht treffen. □

1.2 Analytische und holomorphe Funktionen

Sei $M \subset \mathbb{C}^n$ eine beliebige Teilmenge. Eine Funktion $f : M \to \mathbb{C}$ heißt
beschränkt, falls $|f|_M := \sup\{|f(\mathbf{z})| : \mathbf{z} \in M\} < \infty$ ist. Die Funktion ist genau
dann **stetig,** wenn sie als Funktion von $M \subset \mathbb{R}^{2n}$ nach $\mathbb{R}^2$ stetig ist. Summen
und Produkte stetiger Funktionen sind wieder stetig. Auf kompakten Mengen sind
stetige Funktionen immer beschränkt.

Für unser erstes Beispiel von stetigen Funktionen müssen wir mit Multi-
Indizes umgehen können. Für $\nu = (\nu_1, \ldots, \nu_n) \in \mathbb{Z}^n$ und $\mathbf{z} \in \mathbb{C}^n$ sei $|\nu| :=$
$\sum_{i=1}^n \nu_i$ und $\mathbf{z}^\nu := z_1^{\nu_1} \cdots z_n^{\nu_n}$. Die Notation $\nu \geq 0$ (bzw. $\nu > 0$) bedeutet: $\nu_i \geq 0$
für alle i (bzw. $\nu \geq 0$ und $\nu_i > 0$ für mindestens ein i). Eine Funktion der Gestalt

$$z \mapsto p(z) = \sum_{|v| \leq m} a_v z^v \text{ mit } a_v \in \mathbb{C} \text{ für } |v| \leq m, \tag{1.4}$$

nennt man ein *Polynom* (vom *Grad* $\leq m$). Gibt es ein v mit $|v| = m$ und $a_v \neq 0$, so hat $p(z)$ den Grad m. Dabei wird dem Nullpolynom kein Grad zugeordnet. Offensichtlich sind Polynome stetige Funktionen.

Ein Ausdruck der Form $a_v z^v$ mit $a_v \neq 0$ wird als *Monom* vom Grad $m :=$ $|v|$ bezeichnet. Ein Polynom $p(z)$ heißt *homogen* vom Grad m, falls es nur aus Monomen vom Grad m besteht.

Proposition 1.10 *Ein Polynom $p(z) \neq 0$ vom Grad m ist genau dann homogen, wenn $p(\lambda z) = \lambda^m p(z)$ für alle $\lambda \in \mathbb{C}$ gilt.*

Beweis Ist $p(z) = a_v z^v$ ein Monom vom Grad m, so ist $p(\lambda z) = a_v (\lambda z)^v = \lambda^m a_v z^v = \lambda^m p(z)$, und das Gleiche gilt für endliche Summen von Monomen.

Auf der anderen Seite kann man jedes Polynom $p(z)$ als Summe von homogenen Polynomen p_i vom Grad i schreiben: $p = \sum_{i=1}^{N} p_i$. Ist nun $p(\lambda z) = \lambda^m p(z)$, so erhält man für jedes feste z die Polynomgleichung

$$\sum_{i=0}^{N} p_i(z) \lambda^i = \lambda^m p(z). \tag{1.5}$$

Dann müssen aber die Koeffizienten gleich sein: $p_m(z) = p(z)$ and $p_i(z) = 0$ für $i \neq m$. Also ist $p = p_m$ homogen. $\qquad\square$

Ist für jedes $v \in \mathbb{N}_0^n$ eine komplexe Zahl c_v gegeben, so stellt sich die Frage nach der Konvergenz der Reihe $\sum_{v \geq 0} c_v$. Das Problem dabei besteht darin, dass es auf $\mathbb{N}_0^n$ keine kanonische Anordnung gibt. Das löst man wie folgt:

Definition 1.11 Die Reihe $\sum_{v \geq 0} c_v$ *konvergiert absolut,* falls es eine bijektive Abbildung $\varphi : \mathbb{N} \to \mathbb{N}_0^n$ gibt, so dass gilt: $\sum_{i=1}^{\infty} |c_{\varphi(i)}| < \infty$. Die komplexe Zahl $\sum_{i=1}^{\infty} c_{\varphi(i)}$ ist dann der *Grenzwert* der Reihe.

Dieser Konvergenzbegriff ist unabhängig von der Wahl der Abbildung φ.

Beispiel 1.12 Seien $q_1, \ldots, q_n$ reelle Zahlen mit $0 < q_i < 1$ für $i = 1, \ldots, n$ und $\mathbf{q} := (q_1, \ldots, q_n)$. Dann kann man zeigen, dass die Reihe $\sum_{v \geq 0} \mathbf{q}^v$ absolut konvergiert, und zwar gegen $\prod_{i=1}^{n}\bigl(1/(1-q_i)\bigr)$. Man spricht dann von einer *verall-gemeinerten geometrischen Reihe.*

Definition 1.13 Sei $M \subset \mathbb{C}^n$ eine beliebige Menge und $\{f_\nu : \nu \in \mathbb{N}_0^n\}$ eine Familie von komplexwertigen Funktionen auf M. Die Reihe $\sum_{\nu \geq 0} f_\nu$ heißt *normal konvergent* auf M, falls die Reihe $\sum_{\nu \geq 0} |f_\nu|_M$ konvergent ist.

Proposition 1.14 *Ist $\sum_{\nu \geq 0} f_\nu$ auf M normal konvergent, so ist die Reihe für jedes $\mathbf{z} \in M$ konvergent, und für jede bijektive Abbildung $\varphi : \mathbb{N} \to \mathbb{N}_0^n$ konvergiert die Reihe $\sum_{i=1}^{\infty} f_{\varphi(i)}$ auf M gleichmäßig gegen dieselbe Grenzfunktion.*

Beweis Man benutzt die aus der reellen Analysis bekannten Methoden. $\square$

Ist $\{a_\nu : \nu \in \mathbb{N}_0^n\}$ eine Familie von komplexen Zahlen und $\mathbf{z}_0 \in \mathbb{C}^n$, dann nennt man den Ausdruck

$$\sum_{\nu \geq 0} a_\nu (\mathbf{z} - \mathbf{z}_0)^\nu \tag{1.6}$$

eine *(formale) Potenzreihe* um $\mathbf{z}_0$. Dies ist eine Reihe von Polynomen. Konvergiert sie auf der Menge M normal gegen eine komplexe Funktion f, so ist f als gleichmäßiger Grenzwert einer Reihe von stetigen Funktionen natürlich auch stetig auf M.

Theorem 1.15 (Abelsches Lemma) Seien $P' \subset\subset P \subset \mathbb{C}^n$ Polyzylinder[3] um den Nullpunkt. Konvergiert die Potenzreihe $\sum_{\nu \geq 0} a_\nu \mathbf{z}^\nu$ in einem Punkt des ausgezeichneten Randes von P, so konvergiert sie auf P' normal.

Beweis Sei $\mathbf{w}$ der fragliche Punkt des ausgezeichneten Randes von P und c eine Konstante, so dass $|a_\nu \mathbf{w}^\nu| \leq c$ für alle $\nu \in \mathbb{N}_0^n$ gilt.

Wir wählen dann reelle Zahlen q_i mit $0 < q_i < 1$, so dass $|z_i| \leq q_i |w_i|$ für jedes $\mathbf{z} = (z_1, \ldots, z_n) \in P'$ und $i = 1, \ldots, n$ gilt. Es folgt:

$$|a_\nu \mathbf{z}^\nu| \leq \mathbf{q}^\nu c, \text{ für } \mathbf{q} = (q_1, \ldots, q_n),\ \mathbf{z} \in P', \text{ und } \nu \in \mathbb{N}_0^n. \tag{1.7}$$

Dann ist auch $|a_\nu \mathbf{z}^\nu|_{P'} \leq \mathbf{q}^\nu c$, und aus der Konvergenz der verallgemeinerten geometrischen Reihe folgt, dass $\sum_{\nu \geq 0} a_\nu \mathbf{z}^\nu$ auf P' normal konvergent ist. $\square$

---

[3] Die Notation $U \subset\subset V$ bedeutet, dass U *relativ kompakt* in V liegt. Das heißt, $\overline{U}$ ist kompakt und in V enthalten.

Definition 1.16 Eine Funktionenreihe $\sum_{\nu \geq 0} f_\nu$ **konvergiert** in einem Gebiet G **kompakt,** falls sie auf jedem Kompaktum $K \subset G$ normal konvergiert.

Korollar 1.17 *Sei $P \subset \mathbb{C}^n$ ein Polyzylinder um den Ursprung und $\mathbf{w}$ ein Punkt aus dem ausgezeichneten Rand von P. Wenn die Potenzreihe $\sum_{\nu \geq 0} a_\nu \mathbf{z}^\nu$ in $\mathbf{w}$ konvergiert, dann konvergiert sie auf P kompakt.*

Beweis Zu jeder kompakten Teilmenge $K \subset P$ gibt es ein q mit $0 < q < 1$ und $K \subset qP \subset\subset P$. Deshalb konvergiert die Reihe auf K normal. $\qquad\square$

Theorem 1.18 *Sei $S(\mathbf{z})$ eine formale Potenzreihe und B die Menge aller Punkte $\mathbf{z} \in \mathbb{C}^n$, in denen S konvergiert. Dann ist $G := B^\circ$ ein vollständiges Reinhardt-sches Gebiet, und S konvergiert auf G kompakt. Außerdem konvergieren auch alle formalen partiellen Ableitungen von S kompakt auf G.*

Beweis Ist $\mathbf{w} \in B^\circ$, so gehört auch ein kleiner Polyzylinder P um $\mathbf{w}$ zu B°. Man suche nun einen Punkt $\mathbf{v} \in P$ und einen Polyzylinder P_0 um den Nullpunkt, der $\mathbf{w}$ enthält, so dass $\mathbf{v}$ im ausgezeichneten Rand von P_0 liegt. Aus dem Abelschen Lemma und Korollar 1.17 folgt, dass P_0 ganz in B° liegt. Damit ist B° Reinhardtsch, und man sieht auch ganz leicht, dass es ein Gebiet ist. $\qquad\square$

Definition 1.19 Sei $B \subset \mathbb{C}^n$ ein Bereich. Eine Funktion $f : B \to \mathbb{C}$ heißt **analytisch,** falls es zu jedem Punkt $\mathbf{z}_0 \in B$ eine Umgebung $U = U(\mathbf{z}_0) \subset B$ und eine Potenzreihe $S(\mathbf{z})$ gibt, die auf U gegen f konvergiert.

Definition 1.20 f heißt in $\mathbf{z}_0 \in B$ **komplex differenzierbar,** falls es eine Funktion $\Delta : B \to \mathbb{C}^n$ gibt, so dass gilt:

1. Δ ist stetig in $\mathbf{z}_0$.
2. $f(\mathbf{z}) = f(\mathbf{z}_0) + (\mathbf{z} - \mathbf{z}_0) \cdot \Delta(\mathbf{z})^\top$ für $\mathbf{z} \in B$.

Der Vektor $\Delta(\mathbf{z}_0)$ ist eindeutig bestimmt, und man setzt in diesem Fall

$$f_{z_\nu}(\mathbf{z}_0) = \frac{\partial f}{\partial z_\nu}(\mathbf{z}_0) := \mathbf{e}_\nu \cdot \Delta(\mathbf{z}_0)^\top \text{ für } \nu = 1, \dots, n. \tag{1.8}$$

Proposition 1.21 *Sei $P \subset \mathbb{C}^n$ ein Polyzylinder um den Nullpunkt und $S(z) = \sum_{\nu \geq 0} a_\nu \mathbf{z}^\nu$ eine Potenzreihe, die auf P kompakt gegen eine Funktion f konvergiert. Dann ist f in $\mathbf{0}$ komplex differenzierbar und*

$$f_{z_1}(\mathbf{0}) = a_{1,0,\ldots,0}, \ldots, f_{z_n}(\mathbf{0}) = a_{0,\ldots,0,1}. \tag{1.9}$$

Beweis Man wähle einen kleinen Polyzylinder $P_\varepsilon \subset\subset P$ um den Nullpunkt, auf dem $S(\mathbf{z})$ normal konvergiert. Dort kann man die Reihe umformen, ohne die Konvergenz zu verlieren. So erhält man dort eine Darstellung $f(\mathbf{z}) = f(\mathbf{0}) + z_1\Delta_1(\mathbf{z}) + \cdots + z_n\Delta_n(\mathbf{z})$. Weil die Δ_ν stetig sind, ist f in $\mathbf{0}$ komplex differenzierbar und $f_{z_\nu}(\mathbf{0}) = \Delta_\nu(\mathbf{0})$ für $\nu = 1, \ldots, n$. $\square$

Korollar 1.22 *Ist $B \subset \mathbb{C}^n$ offen und $f : B \to \mathbb{C}$ analytisch, so ist f auf B komplex differenzierbar.*

Der Beweis ist offensichtlich.

Man kann nun aber nicht nur zeigen, dass jede konvergente Potenzreihe gegen eine komplex differenzierbare Funktion konvergiert, sondern umgekehrt auch, dass jede komplex differenzierbare Funktion überall lokal in eine Potenzreihe entwickelt werden kann. In der Funktionentheorie (von einer Veränderlichen) ist der Schlüssel dazu die Cauchysche Integralformel. Ist $D \subset \mathbb{C}$ eine Kreisscheibe und f auf einer Umgebung von $\overline{D}$ komplex differenzierbar, so gilt für alle $z \in D$:

$$f(z) = \frac{1}{2\pi i} \int_{\partial D} \frac{f(\zeta)}{\zeta - z}\, d\zeta. \tag{1.10}$$

Sinngemäß gilt diese Formel auch im $\mathbb{C}^n$. Allerdings muss dabei die Kreisscheibe durch einen Polyzylinder und der Kreisrand durch den ausgezeichneten Rand des Polyzylinders ersetzt werden.

Ist $\mathbf{r} = (r_1, \ldots, r_n) \in \mathbb{R}_+^n$, $P = \mathsf{P}^n(\mathbf{0}, \mathbf{r})$, $T = \mathsf{T}^n(\mathbf{0}, \mathbf{r})$ und f eine stetige Funktion auf T, so definieren wir die stetige Funktion $k_f : P \times T \to \mathbb{C}$ durch

$$k_f(\mathbf{z}, \boldsymbol{\zeta}) := \frac{f(\boldsymbol{\zeta})}{(\boldsymbol{\zeta} - \mathbf{z})^{(1,\ldots,1)}} = \frac{f(\zeta_1, \ldots, \zeta_n)}{(\zeta_1 - z_1) \cdots (\zeta_n - z_n)}. \tag{1.11}$$

Definition 1.23 Die stetige Funktion $C_f : P \to \mathbb{C}$ mit

$$C_f(\mathbf{z}) := \left(\frac{1}{2\pi i}\right)^n \int_T k_f(\mathbf{z}, \boldsymbol{\zeta})\, d\boldsymbol{\zeta}$$

$$:= \left(\frac{1}{2\pi i}\right)^n \int_{|\zeta_1|=r_1} \cdots \int_{|\zeta_n|=r_n} f(\boldsymbol{\zeta}) \frac{d\zeta_1}{(\zeta_1 - z_1)} \cdots \frac{d\zeta_n}{(\zeta_n - z_n)} \tag{1.12}$$

nennt man das *Cauchy-Integral* von f über T.

Definition 1.24 Sei $B \subset \mathbb{C}^n$ offen und $\mathbf{z}_0 \in B$. Eine beliebige Funktion $f : B \to \mathbb{C}$ heißt in $\mathbf{z}_0$ *partiell differenzierbar*, falls alle partiellen Ableitungen $f_{z_\nu}(\mathbf{z}_0)$ existieren.

Die Funktion f heißt *schwach holomorph* auf B, falls sie auf B stetig und überall partiell differenzierbar ist.

Theorem 1.25 (**Cauchysche Integral-Formel im $\mathbb{C}^n$**) Seien P und T wie in Definition 1.23 definiert und $U = U(\overline{P})$ eine offene Umgebung. Ist f schwach holomorph auf U, so ist $C_{f|T}(\mathbf{z}) = f(\mathbf{z})$ für alle $\mathbf{z} \in P$.

Beweis Da f schwach holomorph ist, kann man einfach n-mal die Cauchysche Integralformel in einer Veränderlichen anwenden. $\qquad\square$

Theorem 1.26 (**Entwicklungssatz**) Sei $P = P^n(\mathbf{0}, \mathbf{r}) \subset \mathbb{C}^n$ ein Polyzylinder und T sein ausgezeichneter Rand. Ist $f : T \to \mathbb{C}$ stetig, so gibt es eine Potenzreihe $\sum_{\nu \geq 0} a_\nu \mathbf{z}^\nu$, die auf P gegen $C_f(\mathbf{z})$ konvergiert. Die Koeffizienten a_ν sind gegeben durch

$$a_{\nu_1 \cdots \nu_n} = \left(\frac{1}{2\pi i} \right)^n \int_T \frac{f(\zeta_1, \ldots, \zeta_n)}{\zeta_1^{\nu_1+1} \cdots \zeta_n^{\nu_n+1}} \, d\zeta_1 \cdots d\zeta_n. \tag{1.13}$$

Beweis Wie in der Funktionentheorie von einer Veränderlichen entwickelt man $k_f(\mathbf{z}, \zeta)$ unter dem Integral in eine Reihe, die man mit Hilfe der geometrischen Reihe abschätzen kann, und dann vertauscht man Integration und Summation. $\qquad\square$

Theorem 1.27 (**Satz von Osgood**) Sei $B \subset \mathbb{C}^n$ offen. Dann sind folgende Aussagen über eine Funktion $f : B \to \mathbb{C}$ äquivalent:

1. f ist analytisch.
2. f ist komplex differenzierbar.
3. f ist schwach holomorph.

Beweis Wir wissen schon, dass jede analytische Funktion f komplex differenzierbar ist, und es ist trivial, dass f dann schwach holomorph ist.

Ist andererseits $f : B \to \mathbb{C}$ schwach holomorph und $\mathbf{z}_0 \in B$, so gibt es einen kleinen Polyzylinder P um $\mathbf{z}_0$, der relativ kompakt in B liegt. Ist T dessen ausgezeichneter Rand, ao ist $f|_P = C_{f|T}$, und das Cauchy-Integral ist der Grenzwert einer Potenzreihe. Also ist f analytisch. $\square$

Definition 1.28 Erfüllt $f : B \to \mathbb{C}$ eine der drei Eigenschaften von Satz 1.27, so nennt man f *holomorph*.

Man kann nun die klassischen Sätze der Funktionentheorie von einer Veränderlichen beweisen, auf die Details verzichten wir hier.

Theorem 1.29 (Weierstraßscher Konvergenzsatz) Sei $G \subset \mathbb{C}^n$ ein Gebiet und (f_k) eine Folge von holomorphen Funktionen auf G, die dort kompakt gegen eine Funktion f konvergiert. Dann ist auch f holomorph.

Proposition 1.30 *Ist $S(\mathbf{z}) = \sum_{\nu \geq 0} a_\nu \mathbf{z}^\nu$ eine Potenzreihe und G ihr Konvergenzgebiet, so ist die Grenzfunktion f auf G holomorph, und die formalen Ableitungen der Potenzreihe konvergieren gegen die partiellen Ableitungen von f. Insbesondere sind diese partiellen Ableitungen wieder holomorph.*

Korollar 1.31 *Ist $G \subset \mathbb{C}^n$ ein Gebiet und $f : G \to \mathbb{C}$ holomorph, so ist f auf G beliebig oft komplex differenzierbar.*

Ist $\nu = (\nu_1, \ldots, \nu_n)$ ein Multi-Index, so setzen wir $\nu! := \nu_1! \cdots \nu_n!$. Ist f in $\mathbf{z}_0$ genügend oft komplex differenzierbar, so bezeichnen wir höhere Ableitungen von f wie folgt:

$$D^\nu f(\mathbf{z}_0) := \frac{\partial^{|\nu|} f}{\partial z_1^{\nu_1} \cdots \partial z_n^{\nu_n}}(\mathbf{z}_0). \tag{1.14}$$

Theorem 1.32 (Identitätssatz für Potenzreihen) Die beiden Potenzreihen $f(\mathbf{z}) = \sum_{\nu \geq 0} a_\nu \mathbf{z}^\nu$ und $g(\mathbf{z}) = \sum_{\nu \geq 0} b_\nu \mathbf{z}^\nu$ seien in $U = U(\mathbf{0}) \subset \mathbb{C}^n$ konvergent. Wenn es eine Umgebung $V(\mathbf{0}) \subset U$ mit $f|_V = g|_V$ gibt, dann ist $a_\nu = b_\nu$ für alle ν.

Beweis Die Funktionen f und g sind holomorph, und es ist $D^\nu f(\mathbf{0}) = D^\nu g(\mathbf{0})$ für alle ν. Sukzessives Differenzieren der Potenzreihen ergibt andererseits die Gleichungen $D^\nu f(\mathbf{0}) = \nu! \cdot a_\nu$ und $D^\nu g(\mathbf{0}) = \nu! \cdot b_\nu$. $\square$

Lemma 1.33 *Sei $G \subset \mathbb{C}^n$ ein Gebiet, $U \subset G$ nicht leer, offen und abgeschlossen. Dann ist $U = G$.*

Beweis Sei $z_0 \in U$. Gibt es ein $z_1 \in G \setminus U$, so gibt es einen stetigen Weg α : $[0, 1] \to G$ mit $\alpha(0) = z_0$ und $\alpha(1) = z_1$. Dann sei $t_0 := \sup\{t \in [0, 1) : \alpha(t) \in U\}$. Weil U abgeschlossen ist, liegt $\alpha(t_0)$ in U. Und weil U auch offen ist, gibt es ein t mit $t_0 < t < 1$ und $\alpha(t) \in U$. Das ist ein Widerspruch zur Supremumseigenschaft von t_0. Also muss $U = G$ sein. □

Theorem 1.34 (Identitätssatz für holomorphe Funktionen) f_1 und f_2 seien zwei holomorphe Funktionen auf dem Gebiet G. Wenn es eine nicht leere offene Teilmenge $U \subset G$ mit $f_1|_U = f_2|_U$ gibt, dann ist $f_1 = f_2$.

Beweis Sei $f := f_1 - f_2$ und $N := \{z \in G : D^\nu f(z) = 0 \text{ für alle } \nu\}$. Dann ist $N \neq \emptyset$ und offen (weil f immer lokal in eine Potenzreihe entwickelt werden kann). Weil außerdem alle Ableitungen $D^\nu f$ stetig sind, ist N auch abgeschlossen. Und weil G ein Gebiet ist, folgt: $N = G$ und $f_1 = f_2$. □

Anmerkung 1.35 Im Gegensatz zur Funktionentheorie von einer Veränderlichen reicht es hier nicht, dass f_1 und f_2 auf einer Menge M mit einem Häufungspunkt in G übereinstimmen.

Theorem 1.36 (Maximumprinzip) Sei G ein Gebiet und $f : G \to \mathbb{C}$ holomorph. Wenn $|f|$ in einem Punkt $z_0 \in G$ ein lokales Maximum besitzt, dann ist f konstant.

Beweis Indem man f auf „komplexe Geraden" durch z_0 einschränkt, sieht man mit Hilfe des Maximumprinzips in einer Veränderlichen, dass f in einer kleinen Umgebung von z_0 konstant ist. Der Satz folgt dann mit Hilfe des Identitätssatzes. □

Manchmal ist der Zusammenhang zwischen reeller und komplexer Differenzierbarkeit wichtig. Sei $B \subset \mathbb{C}^n$ offen und $f : B \to \mathbb{C}$ eine Funktion.

Definition 1.37 f heißt in $z_0 \in B$ **reell differenzierbar,** falls es Funktionen $\Delta', \Delta'' : B \to \mathbb{C}^n$ gibt, so dass gilt:

1. Δ' und Δ'' sind stetig in z_0.
2. $f(z) = f(z_0) + (z - z_0) \cdot \Delta'(z)^\top + (\bar{z} - \bar{z}_0) \cdot \Delta''(z)^\top$ für $z \in B$.

Man kann zeigen, dass die Vektoren $\Delta'(z_0)$ und $\Delta''(z_0)$ eindeutig bestimmt sind, und man definiert:

$$f_{z_\nu}(\mathbf{z}_0) = \frac{\partial f}{\partial z_\nu}(\mathbf{z}_0) := \mathbf{e}_\nu \cdot \Delta'(\mathbf{z}_0)^\top$$

$$\text{und } f_{\bar{z}_\nu}(\mathbf{z}_0) = \frac{\partial f}{\partial \bar{z}_\nu}(\mathbf{z}_0) := \mathbf{e}_\nu \cdot \Delta''(\mathbf{z}_0)^\top.$$

(1.15)

Das sind die sogenannten *Wirtinger-Ableitungen* von f. Man kann sie zum Beispiel mit Hilfe der reellen, partiellen Ableitungen berechnen, es ist

$$f_{z_\nu} = \frac{1}{2}(f_{x_\nu} - \mathrm{i} f_{y_\nu}) \text{ und } f_{\bar{z}_\nu} = \frac{1}{2}(f_{x_\nu} + \mathrm{i} f_{y_\nu}) \text{ für } \nu = 1, \ldots, n. \qquad (1.16)$$

Offensichtlich gilt:

Proposition 1.38 *Eine Funktion* $f : B \to \mathbb{C}$ *ist genau dann in* $\mathbf{z}_0 \in B$ *komplex differenzierbar, wenn* f *in* $\mathbf{z}_0$ *reell differenzierbar und* $f_{\bar{z}_\nu}(\mathbf{z}_0) = 0$ *für alle* ν *gilt.*

Die Gleichungen $f_{\bar{z}_\nu}(\mathbf{z}_0) = 0$ nennt man die ***Cauchy-Riemannschen Differentialgleichungen.***

1.3   Holomorphe Abbildungen

Sei $B \subset \mathbb{C}^n$ eine offene Menge. Eine Abbildung

$$\mathbf{f} = (f_1, \ldots, f_m) : B \to \mathbb{C}^m \qquad (1.17)$$

heißt ***holomorph,*** falls alle Komponenten f_i holomorph sind.

Proposition 1.39 *Die Abbildung* $\mathbf{f} : B \to \mathbb{C}^m$ *ist genau dann holomorph, wenn es zu jedem* $\mathbf{z}_0 \in B$ *eine Abbildung* $\Delta : B \to M_{m,n}(\mathbb{C})$ *mit folgenden Eigenschaften gibt:*

1. Δ *ist stetig in* $\mathbf{z}_0$.
2. $\mathbf{f}(\mathbf{z}) = \mathbf{f}(\mathbf{z}_0) + (\mathbf{z} - \mathbf{z}_0) \cdot \Delta(\mathbf{z})^\top$, *für* $\mathbf{z} \in B$.

Der Wert $\Delta(\mathbf{z}_0)$ *ist eindeutig bestimmt.*

Beweis Hier ist nicht viel zu zeigen. Wenn es zu jedem μ eine in z_0 stetige Funktion Δ_μ mit $f_\mu(\mathbf{z}) = f_\mu(\mathbf{z}_0) + (\mathbf{z} - \mathbf{z}_0) \cdot \Delta_\mu(\mathbf{z})^\top$ gibt, dann setze man $\Delta(\mathbf{z})^\top = (\Delta_1(\mathbf{z})^\top, \ldots, \Delta_m(\mathbf{z})^\top)$. $\qquad\square$

Definition 1.40 Sei $\mathbf{f} : B \to \mathbb{C}^m$ holomorph und Δ wie in Proposition 1.39 definiert. Dann nennt man $J_{\mathbf{f}}(\mathbf{z}_0) := \Delta(\mathbf{z}_0)$ die *komplexe Jacobi-Matrix* oder *komplexe Funktionalmatrix* von $\mathbf{f}$ in $\mathbf{z}_0$. Die zugehörige lineare Abbildung $\mathbf{f}'(\mathbf{z}_0) : \mathbb{C}^n \to \mathbb{C}^m$ nennt man die *komplexe Ableitung* von $\mathbf{f}$ in $\mathbf{z}_0$. Sie ist gegeben durch $\mathbf{f}'(\mathbf{z}_0)(\mathbf{w}) = \mathbf{w} \cdot J_{\mathbf{f}}(\mathbf{z}_0)^\top$.

$$\text{Explizit gilt:} \quad J_{\mathbf{f}}(\mathbf{z}) = \begin{pmatrix} (f_1)_{z_1}(\mathbf{z}) & \cdots & (f_1)_{z_n}(\mathbf{z}) \\ \vdots & & \vdots \\ (f_m)_{z_1}(\mathbf{z}) & \cdots & (f_m)_{z_n}(\mathbf{z}) \end{pmatrix}. \tag{1.18}$$

Anmerkung 1.41 Zwischen der komplexen Funktionaldeterminante $\det J_{\mathbf{f}}(\mathbf{z}_0)$ und der reellen Funktionaldeterminante $\det J_{\mathbb{R},\mathbf{f}}(\mathbf{z}_0)$ besteht der Zusammenhang

$$\det J_{\mathbb{R},\mathbf{f}}(\mathbf{z}_0) = |\det J_{\mathbf{f}}(\mathbf{z}_0)|^2. \tag{1.19}$$

Daraus folgt, dass holomorphe Abbildungen mit $\det J_{\mathbf{f}}(\mathbf{z}_0) \neq 0$ die Orientierung erhalten.

Definition 1.42 $B_1, B_2 \subset \mathbb{C}^n$ seien offene Mengen und $\mathbf{f} : B_1 \to B_2$ eine holomorphe Abbildung. Die Abbildung $\mathbf{f}$ heißt *biholomorph* (oder eine *umkehrbar holomorphe Abbildung*), falls $\mathbf{f}$ bijektiv und $\mathbf{f}^{-1}$ holomorph ist.

Theorem 1.43 (Satz über inverse Abbildungen) Sei $\mathbf{f} : B_1 \to B_2$ holomorph, $\mathbf{z}_0 \in B_1$ und $\mathbf{w}_0 = \mathbf{f}(\mathbf{z}_0)$. Dann sind folgende Aussagen äquivalent:

1. Es gibt offene Umgebungen $U = U(\mathbf{z}_0) \subset B_1$ und $V = V(\mathbf{w}_0) \subset B_2$, so dass $\mathbf{f} : U \to V$ biholomorph ist.
2. $\det J_{\mathbf{f}}(\mathbf{z}_0) \neq 0$.

Beweis Dass (2) aus (1) folgt, ist trivial.

Ist umgekehrt $\det(J_{\mathbf{f}}(\mathbf{z}_0)) \neq 0$, so verschwindet auch die reelle Funktionaldeterminante nicht, und aus der reellen Analysis folgt, dass es offene Umgebungen $U = U(\mathbf{z}_0) \subset B_1$ und $V = V(\mathbf{w}_0) \subset B_2$ gibt, so dass $\mathbf{f}|_U : U \to V$ bijektiv and $\mathbf{g} := (\mathbf{f}|_U)^{-1} : V \to U$ reell stetig differenzierbar ist.

Aus der Gleichung $\mathbf{f} \circ \mathbf{g} = \mathrm{id}_V$ erhält man dann, dass die Ableitungen von $\mathbf{g}$ nach $\overline{w}_1, \ldots, \overline{w}_n$ verschwinden, und damit ist $\mathbf{g}$ holomorph. $\square$

Theorem 1.44 **(Satz über implizite Funktionen)** Sei $B \subset \mathbb{C}^n \times \mathbb{C}^m$ offen, $\mathbf{f} = (f_1, \ldots, f_m) : B \to \mathbb{C}^m$ holomorph und $(\mathbf{z}_0, \mathbf{w}_0) \in B$ ein Punkt mit $\mathbf{f}(\mathbf{z}_0, \mathbf{w}_0) = 0$ und

$$\det \left(\frac{\partial f_\mu}{\partial z_\nu}(\mathbf{z}_0, \mathbf{w}_0) \;\middle|\; \begin{matrix} \mu = 1, \ldots, m \\ \nu = n+1, \ldots, n+m \end{matrix} \right) \neq 0. \tag{1.20}$$

Dann gibt es eine offene Umgebung $U = U' \times U'' \subset B$ und eine holomorphe Abbildung $\mathbf{g} : U' \to U''$, so dass gilt:

$$\{(\mathbf{z}, \mathbf{w}) \in U' \times U'' : \mathbf{f}(\mathbf{z}, \mathbf{w}) = 0\} = \{(\mathbf{z}, \mathbf{g}(\mathbf{z})) : \mathbf{z} \in U'\}. \tag{1.21}$$

Beweis Sei $\mathbf{F} : B \to \mathbb{C}^n \times \mathbb{C}^m$ definiert durch $\mathbf{F}(\mathbf{z}, \mathbf{w}) := (\mathbf{z}, \mathbf{f}(\mathbf{z}, \mathbf{w}))$. Man sieht sofort, dass $\det J_{\mathbf{F}}(\mathbf{z}_0, \mathbf{w}_0) \neq 0$ ist und dass es deshalb offene Umgebungen $U = U(\mathbf{z}_0, \mathbf{w}_0) \subset B$ and $V = V(\mathbf{z}_0, \mathbf{0}) \subset \mathbb{C}^{n+m}$ gibt, so dass $\mathbf{F}|_U : U \to V$ biholomorph ist. Offensichtlich hat die Umkehrabbildung die Gestalt $\mathbf{F}^{-1}(\mathbf{u}, \mathbf{v}) = (\mathbf{u}, \mathbf{h}(\mathbf{u}, \mathbf{v}))$. Man kann annehmen, dass $U = U' \times U'' \subset \mathbb{C}^n \times \mathbb{C}^m$ und $V = U' \times W$ ist, mit einer offenen Umgebung $W = W(\mathbf{0}) \subset \mathbb{C}^m$. Jetzt kann man $\mathbf{g} : U' \to U''$ definieren durch $\mathbf{g}(\mathbf{z}) := \mathbf{h}(\mathbf{z}, \mathbf{0})$, und dann folgt:

$$\mathbf{f}(\mathbf{z}, \mathbf{w}) = 0 \iff \mathbf{F}(\mathbf{z}, \mathbf{w}) = (\mathbf{z}, \mathbf{0}) \iff \mathbf{w} = \mathbf{h}(\mathbf{z}, \mathbf{0}) = \mathbf{g}(\mathbf{z}). \tag{1.22}$$

Damit ist alles bewiesen. $\square$

1.4   Analytische Mengen

Sei $B \subset \mathbb{C}^n$ ein beliebiger Bereich. Ist $U \subset B$ offen und sind $f_1, \ldots, f_q$ holomorphe Funktionen auf U, so setzen wir

$$N(U; f_1, \ldots, f_q) = \{\mathbf{z} \in U : f_1(\mathbf{z}) = \cdots = f_q(\mathbf{z}) = 0\}. \tag{1.23}$$

Definition 1.45 Eine Teilmenge $A \subset B$ heißt *analytisch,* falls es zu jedem $\mathbf{z}_0 \in B$ eine offene Umgebung $U = U(\mathbf{z}_0) \subset B$ und holomorphe Funktionen $f_1, \ldots, f_q$ auf U gibt, so dass $U \cap A = N(U; f_1, \ldots, f_q)$ ist.

Die Definition ist so formuliert, dass eine analytische Menge in B immer eine **abgeschlossene** Teilmenge (in der Relativtopologie von B) ist.

Definition 1.46 Eine Teilmenge M eines Gebietes G heißt *nirgends dicht* in G, falls der Abschluss von M in G keine inneren Punkte besitzt.

Man kann zeigen:

Proposition 1.47 *Sei A eine analytische Menge in dem Gebiet $G \subset \mathbb{C}^n$. Besitzt A einen inneren Punkt, so ist $A = G$. Andernfalls ist A nirgends dicht in G und $G \setminus A$ zusammenhängend.*

Theorem 1.48 (Riemannscher Hebbarkeitssatz) Sei $G \subset \mathbb{C}^n$ ein Gebiet und $A \subset G$ eine echte analytische Teilmenge. Ist f eine holomorphe Funktion auf $G \setminus A$, die in der Umgebung jedes Punktes von A beschränkt ist, so kann f nach G holomorph fortgesetzt werden.

Beweis Indem man „komplexe Geraden" durch einen Punkt von A betrachtet, kann man den Satz auf den Riemannschen Hebbarkeitssatz in der Dimension 1 zurückführen. □

Ist $G \subset \mathbb{C}^n$ ein Gebiet und $\mathbf{z} \in G$ ein Punkt, sowie $f_1, \ldots, f_q$ holomorphe Funktionen in einer Umgebung von $\mathbf{z}$, so definieren wir

$$\mathrm{rg}_{\mathbf{z}}(f_1, \ldots, f_q) := \mathrm{rang}\, J_{(f_1, \ldots, f_q)}(\mathbf{z}). \tag{1.24}$$

Definition 1.49 Eine analytische Menge $A \subset G$ heißt *regulär von Codimension q in* $\mathbf{z} \in A$, falls es eine Umgebung $U = U(\mathbf{z}) \subset G$ und holomorphe Funktionen $f_1, \ldots, f_q$ auf U, so dass gilt:

1. $A \cap U = N(U; f_1, \ldots, f_q)$.
2. $\mathrm{rg}_{\mathbf{z}}(f_1, \ldots, f_q) = q$.

Die Zahl $n - q$ nennt man die *Dimension* von A in $\mathbf{z}$.

Die Menge A heißt *singulär* in $\mathbf{z}$, falls sie in diesem Punkt nicht regulär ist. Die Menge der regulären Punkte von A bezeichnet man mit $\mathrm{Reg}(A)$, die Menge der singulären Punkte mit $\mathrm{Sing}(A)$.

Es ist klar, dass $\mathrm{Reg}(A)$ offen in A ist, und $\mathrm{Sing}(A) \subset A$ deshalb abgeschlossen.

Man kann zeigen: Ist $n \geq 2$ und $G \subset \mathbb{C}^n$ ein Gebiet, so gibt es auf G keine holomorphe Funktion mit isolierten Singularitäten. Ist etwa $0 \in G$, $P \subset\subset G$ ein Polyzylinder um 0 und f holomorph auf $G \setminus \{0\}$, so bestimmen die Werte von f auf dem ausgezeichneten Rand von P eine holomorphe Funktion auf P, die außerhalb des Nullpunktes mit f übereinstimmt. Also lässt sich f in 0 holomorph fortsetzen. Das zeigt einen wesentlichen Unterschied zur Funktionentheorie von einer Veränderlichen.

Per Induktion folgt nun:

Theorem 1.50 (Zweiter Riemannscher Hebbarkeitssatz) Sei $G \subset \mathbb{C}^n$ ein Gebiet und $A \subset G$ eine reguläre analytische Teilmenge der Codimension $q \geq 2$. Dann kann jede holomorphe Funktion auf $G \setminus A$ nach ganz G holomorph fortgesetzt werden.

Der folgende Satz wird in Kap. 2 wichtige Beispiele liefern.

Theorem 1.51 (Lokale Glättung in regulären Punkten) Sei $A \subset G$ analytisch und $\mathbf{z}_0 \in A$. A ist genau dann regulär von Codimension q in $\mathbf{z}_0$, wenn es offene Umgebungen $U = U(\mathbf{z}_0) \subset G$ und $W = W(\mathbf{0}) \subset \mathbb{C}^n$, sowie eine biholomorphe Abbildung $\mathbf{F} : U \to W$ gibt, so dass $\mathbf{F}(\mathbf{z}_0) = \mathbf{0}$ ist und

$$\mathbf{F}(U \cap A) = \{\mathbf{w} = (w_1, \ldots, w_n) \in W \ : \ w_{n-q+1} = \cdots = w_n = 0\}. \quad (1.25)$$

Beweis Sei A regulär in $\mathbf{z}_0$. Dann gibt es eine offene Umgebung $U = U(\mathbf{z}_0)$, so dass $A \cap U = N(U; f_1, \ldots, f_q)$ ist, und $\mathrm{rg}_{\mathbf{z}_0}(f_1, \ldots, f_q) = q$. Durch Umnummerierung der Koordinaten – falls nötig – kann man erreichen, dass $J_{(f_1,\ldots,f_q)}(\mathbf{z}_0) = (J' \mid J'')$ ist, mit $J' \in M_{q,n-q}(\mathbb{C})$, $J'' \in M_q(\mathbb{C})$ und $\det J'' \neq 0$. Dann setze man $\mathbf{z} = (\mathbf{z}', \mathbf{z}'') \in \mathbb{C}^{n-q} \times \mathbb{C}^q$ und definiere $\mathbf{F} : U \to \mathbb{C}^n$ durch

$$\mathbf{F}(\mathbf{z}', \mathbf{z}'') := \big(\mathbf{z}' - \mathbf{z}_0', f_1(\mathbf{z}), \ldots, f_q(\mathbf{z})\big). \quad (1.26)$$

Also ist $J_{\mathbf{F}}(\mathbf{z}_0) = \begin{pmatrix} \mathbf{E}_{n-q} & \mathbf{0} \\ J' & J'' \end{pmatrix}$ und deshalb $\det J_{\mathbf{F}}(\mathbf{z}_0) \neq 0$. Indem man U notfalls verkleinert, ist $\mathbf{F} : U \to W$ biholomorph, und außerdem ist $\mathbf{F}(\mathbf{z}_0) = \mathbf{0}$, und es gilt:

$$\mathbf{w} = \mathbf{F}(\mathbf{z}) \text{ für ein } \mathbf{z} \in U \cap A \iff w_{n-q+1} = \cdots = w_n = 0. \quad (1.27)$$

Die andere Richtung des Beweises ist mehr oder weniger trivial. $\square$

Komplexe Manigfaltigkeiten 2

2.1   Karten und Atlanten

Definition 2.1 Sei X ein parakompakter Hausdorffraum. Eine *(n-dimensionale) komplexe Karte* bzw. ein *(n-dimensionales) komplexes Koordinatensystem* für X besteht aus einer offenen Menge $U \subset X$ und einer topologischen Abbildung φ von U auf eine offene Menge $B \subset \mathbb{C}^n$. Bezeichnet $pr_i : \mathbb{C}^n \to \mathbb{C}$ die Projektion auf die i-te Komponente, so nennt man die komplexwertigen Funktionen $z_i := pr_i \circ \varphi : U \to \mathbb{C}$ die *komplexen Koordinaten* bezüglich der Karte (U, φ).

Definition 2.2 Zwei n-dimensionale Karten (U, φ) und (V, ψ) für einen Raum X heißen *(holomorph) verträglich,* falls entweder $U \cap V = \emptyset$ oder $\varphi \circ \psi^{-1} : \psi(U \cap V) \to \varphi(U \cap V)$ biholomorph ist.

Ein *(n-dimensionaler) komplexer Atlas* für X ist eine Familie $\mathscr{A} = (U_\iota, \varphi_\iota)_{\iota \in I}$ von n-dimensionalen Karten für X, so dass X die Vereinigung aller U_ι ist. Ein solcher Atlas heißt *maximal,* falls jede Karte für X, die mit allen Karten von $\mathscr{A}$ holomorph verträglich ist, schon zu $\mathscr{A}$ gehört.

Eine *n-dimensionale komplexe Mannigfaltigkeit* ist ein parakompakter Hausdorffraum, zusammen mit einem maximalen n-dimensionalen komplexen Atlas für X.

Beispiel 2.3 Jede offene Menge $B \subset \mathbb{C}^n$ ist eine komplexe Mannigfaltigkeit. Man kommt zunächst mit der **einen** Karte $\mathrm{id}_B : B \to B$ (mit $\mathrm{id}_B(\mathbf{z}) = \mathbf{z}$) aus und kann dann diese durch alle dazu verträglichen Karten zu einem maximalen Atlas ergänzen. Analog ist jede offene Menge einer komplexen Mannigfaltigkeit wieder eine Mannigfaltigkeit.

© Der/die Autor(en), exklusiv lizenziert an Springer-Verlag GmbH, DE, ein Teil von Springer Nature 2024
K. Fritzsche, *Komplexe Mannigfaltigkeiten*, essentials,
https://doi.org/10.1007/978-3-662-69135-9_2

Jeder endlich-dimensionale komplexe Vektorraum ist natürlich auch eine komplexe Mannigfaltigkeit. Und weil det : $M_{n,n}(\mathbb{C}) \to \mathbb{C}$ als Polynom eine holomorphe Funktion ist, ist $\mathrm{GL}_n(\mathbb{C}) = \{A \in M_{n,n}(\mathbb{C}) : \det(A) \neq 0\}$ als offene Teilmenge von $M_{n,n}(\mathbb{C})$ eine komplexe Mannigfaltigkeit.

Beispiel 2.4 Unter einer *k-dimensionalen komplexen Untermannigfaltigkeit* in einem Gebiet $G \subset \mathbb{C}^n$ versteht man eine analytische Menge $A \subset G$, die in jedem Punkt regulär von Codimension $n - k$ ist.

A ist ein guter Kandidat für eine komplexe Mannigfaltigkeit. Versieht man A mit der von G induzierten Relativtopologie, so ist A ein parakompakter Hausdorffraum. Außerdem gibt es zu jedem Punkt $\mathbf{z} \in A$ eine offene Umgebung $U = U(\mathbf{z}) \subset G$, eine offene Menge $P \subset \mathbb{C}^k$ und eine holomorphe Abbildung $\mathbf{F} : P \to U$, so dass gilt:

1. rang $J_{\mathbf{F}}(\mathbf{p}) = k$ für $\mathbf{p} \in P$.
2. $\mathbf{F}$ bildet P topologisch auf $U \cap A$ ab.

Das folgt aus dem Satz 1.51 von der lokalen Glättung, denn die Abbildung $\mathbf{F}$ ist eine solche Glättung. Die Abbildung $\varphi := \mathbf{F}^{-1} : U \cap A \to P$ ist offensichtlich eine komplexe Karte für A. Ist $V \subset G$ eine weitere offene Menge, $Q \subset \mathbb{C}^k$ offen und $\mathbf{H} : Q \to V$ eine lokale Glättung von A mit $U \cap V \cap A \neq \emptyset$, so bleibt noch für $\psi := \mathbf{H}^{-1} : V \cap A \to Q$ zu zeigen:

Behauptung $\varphi \circ \psi^{-1} : \psi(U \cap V \cap A) \to \varphi(U \cap V \cap A)$ ist biholomorph.

Beweis Der Weg zum Ziel ist ein bisschen trickreich. Sei $\mathbf{z}_0$ ein Punkt von $U \cap V \cap A$, $\mathbf{p}_0 \in P$ und $\mathbf{F}(\mathbf{p}_0) = \mathbf{z}_0$. Weil rang $J_{\mathbf{F}}(\mathbf{p}_0) = k$ ist, kann man o.B.d.A. annehmen, dass $\mathbf{F}$ in der Nähe von $\mathbf{p}_0$ in der Form $\mathbf{F} = (\mathbf{g}, \mathbf{h}) : P \to \mathbb{C}^k \times \mathbb{C}^{n-k}$ mit holomorphen Abbildungen $\mathbf{g}$ und $\mathbf{h}$ und invertierbarem $\mathbf{g}$ geschrieben werden kann. Damit ist dort $\mathbf{F}(\mathbf{p}) = (\mathbf{w}', \mathbf{f}(\mathbf{w}'))$ mit $\mathbf{f} = \mathbf{h} \circ \mathbf{g}^{-1}$.

Wir definieren $\mathbf{S} : P \times \mathbb{C}^{n-k} \to \mathbb{C}^n$ durch $\mathbf{S}(\mathbf{p}, \mathbf{t}) := \mathbf{F}(\mathbf{p}) + (\mathbf{0}, \mathbf{t})$. Dann ist $\mathbf{S}(\mathbf{p}_0, \mathbf{0}) = \mathbf{z}_0$ und det $J_{\mathbf{S}}(\mathbf{p}_0, \mathbf{0}) \neq 0$. Das bedeutet, dass $\mathbf{S}$ eine Umgebung der Gestalt $U' \times U''$ von $(\mathbf{p}_0, \mathbf{0})$ biholomorph auf eine Umgebung W von $\mathbf{z}_0$ abbildet.

Ist $\mathbf{q}_0 \in Q$ und $\mathbf{H}(\mathbf{q}_0) = \mathbf{z}_0$, so gibt es eine Umgebung $R = R(\mathbf{q}_0) \subset Q$ mit $\mathbf{H}(R) \subset W$. Die Abbildung $\mathbf{S}^{-1} \circ \mathbf{H} : R \to U' \times U''$ ist holomorph und bildet R nach $P \times \{\mathbf{0}\}$ ab. Weil es zu jedem $\mathbf{q} \in R$ ein $\mathbf{p} \in P$ mit $\mathbf{F}(\mathbf{p}) = \mathbf{H}(\mathbf{q})$ gibt, folgt:

$S^{-1} \circ H(q) = S^{-1} \circ F(p) = S^{-1} \circ S(p, 0) = (p, 0) = (F^{-1} \circ H(q), 0)$. Das zeigt, dass $F^{-1} \circ H$ holomorph ist, und damit auch $\varphi \circ \psi^{-1}$. $\qquad\square$

Also sind die Karten für A holomorph verträglich, und A ist eine Mannigfaltigkeit.

2.2 Holomorphe Funktionen und Abbildungen

Definition 2.5 Sei X eine n-dimensionale komplexe Mannigfaltigkeit und $M \subset X$ eine offene Teilmenge. Eine Funktion $f : M \to \mathbb{C}$ heißt **holomorph,** falls $f \circ \varphi^{-1} :$ $\varphi(U \cap M) \to \mathbb{C}$ für jede Karte (U, φ) mit $U \cap M \neq \emptyset$ holomorph ist.

Die Definition ist unabhängig von der gewählten Karte. Ist nämlich (V, ψ) eine weitere Karte, so setzt sich

$$f \circ \psi^{-1} = f \circ \varphi^{-1} \circ (\varphi \circ \psi^{-1}) \qquad (2.1)$$

aus $f \circ \varphi^{-1}$ und der holomorphen Abbildung $\varphi \circ \psi^{-1}$ zusammen. Auch ist jede holomorphe Funktion stetig, denn $f = (f \circ \varphi^{-1}) \circ \varphi$ setzt sich aus zwei stetigen Funktionen zusammen.

Definition 2.6 Sei U eine offene Teilmenge der Mannigfaltigkeit M. Die Menge aller holomorphen Funktionen auf U wird mit $\mathcal{O}_X(U)$ bezeichnet (oder mit $\mathcal{O}(U)$, falls klar ist, um welche Mannigfaltigkeit es geht). Sind $V \subset U \subset X$ offen, so wird der „Restriktions-Homomorphismus" $r_V^U : \mathcal{O}(U) \to \mathcal{O}(V)$ definiert durch $r_V^U(f) := f|_V$.

Die Mengen $\mathcal{O}(U)$ sind jeweils $\mathbb{C}$-Algebren, und die Abbildungen r_V^U sind Homomorphismen von $\mathbb{C}$-Algebren. Für jede offene Menge U ist $r_U^U = \mathrm{id}_{\mathcal{O}(U)}$, und wenn $V \subset U \subset W$ offene Mengen sind, dann ist $r_V^U \circ r_U^W = r_V^W$. Man nennt die Familie der $\mathbb{C}$-Algebren $\mathcal{O}(U)$ und der Homomorphismen r_V^U eine **Prägarbe** über X.

Definition 2.7 Eine **Garbe** über X ist ein topologischer Raum $\mathcal{G}$, zusammen mit einer lokal-topologischen und surjektiven Abbildung $\pi : \mathcal{G} \to X$. Ist $U \subset X$ offen, so nennt man eine stetige Abbildung $s : U \to \mathcal{F}$ mit $\pi \circ s = \mathrm{id}_U$ einen **Schnitt** (oder eine **Schnittfläche**) über U in $\mathcal{G}$. Die Menge aller Schnitte über U in $\mathcal{G}$ bezeichnet man mit $\Gamma(U, \mathcal{G})$ oder kurz mit $\mathcal{G}(U)$:

Die Schnitte in einer Garbe (zusammen mit den passenden Restriktions-Abbildungen) bilden eine Prägarbe. Umgekehrt kann man aus einer Prägarbe eine Garbe konstruieren. Das soll hier nur am Beispiel der Prägarbe der holomorphen Funktionen demonstriert werden.

Sei X eine komplexe Mannigfaltigkeit und $x \in X$ ein beliebiger Punkt. Zwei holomorphe Funktionen $f \in \mathcal{O}(U)$ und $g \in \mathcal{O}(V)$ heißen (bezogen auf den Punkt x) *äquivalent*, falls es eine Umgebung $W = W(x) \subset U \cap V$ gibt, so dass $f|_W = g|_W$ ist. Es ist klar, dass so eine Äquivalenzrelation definiert wird. Die Äquivalenzklasse von f (bezüglich x) nennt man den *Keim* von f in x und bezeichnet diesen mit f_x. Die Menge $\mathcal{O}_X$ aller holomorphen Funktionskeime in allen Punkten von X nennt man die *Garbe der holomorphen Funktionskeime über* X oder auch die *Strukturgarbe von* X. Die Projektion $\pi : \mathcal{O}_X \to X$ wird definiert durch $\pi(f_x) := x$. Nun brauchen wir noch eine Topologie auf $\mathcal{O}_X$. Eine Teilmenge $M \subset \mathcal{O}_X$ heißt offen, wenn es zu jedem Element $\sigma_0 \in M$ eine offene Umgebung U von $x_0 := \pi(\sigma_0)$ und ein $f \in \mathcal{O}(U)$ gibt, so dass $f_{x_0} = \sigma_0$ und $\{f_x : x \in U\} \subset M$ ist. Definiert man (für $f \in \mathcal{O}(U)$) die Abbildung $s_f : U \to \mathcal{O}_X$ durch $s_f(x) := f_x$, so bilden die Mengen $s_f(U)$ eine Basis der Topologie von $\mathcal{O}_X$, und s_f ist ein Schnitt in $\mathcal{O}_X$ über U. Die Projektion $\pi : \mathcal{O}_X \to X$ ist auch stetig, denn für jede offene Menge $U \subset X$ ist $\pi^{-1}(U)$ die Vereinigung aller Mengen $s_f(V)$ mit offenen Mengen $V \subset U$ und $f \in \mathcal{O}_X(V)$, also offen in $\mathcal{O}_X$.

Nun kann man sich fragen: wozu das Ganze? Tatsächlich stimmen zwei holomorphe Funktionen auf Umgebungen eines Punktes $\mathbf{z}_0 \in \mathbb{C}^n$ genau dann auf einer gemeinsamen Umgebung von $\mathbf{z}_0$ überein, wenn sie in $\mathbf{z}_0$ die gleiche Potenzreihenentwicklung besitzen. Deshalb liefern die Funktionskeime in abstrakteren Situationen einen guten Ersatz für die Potenzreihen. Sie besitzen auch ähnliche algebraische Eigenschaften.

Definition 2.8 Wir nennen eine komplexe Mannigfaltigkeit *zusammenhängend*, falls je zwei Punkte von X durch einen stetigen Weg in X miteinander verbunden werden können.

Lemma 2.9 *Sei X eine zusammenhängende komplexe Mannigfaltigkeit, $U \subset X$ nicht leer, offen und abgeschlossen. Dann ist $U = X$.*

Beweis Man kann den Beweis von Lemma 1.33 wörtlich übernehmen.   □

Theorem 2.10 (Identitässatz) Sei X eine zusammenhängende n-dimensionale komplexe Mannigfaltigkeit. Sind $f, g : X \to \mathbb{C}$ zwei holomorphe Funktionen, die auf einer offenen Menge $M \neq \emptyset$ übereinstimmen, so ist $f = g$.

Beweis Sei $Z := \{x \in X : f_x = g_x\}$. Z enthält auf jeden Fall die offene Menge M (ist also nicht leer), ist aber auch selbst offen. Sei nun $x_0 \in X \setminus Z$. Es gibt eine zusammenhängende, offene Umgebung U von x_0 in X und eine komplexe Karte $\varphi : U \to B \subset \mathbb{C}^n$. Wenn x_0 kein innerer Punkt von $X \setminus Z$ ist, dann ist $U \cap Z$ nicht leer und offen, und auf $\varphi(U \cap Z)$ stimmen die holomorphen Funktionen $f \circ \varphi^{-1}$ und $g \circ \varphi^{-1}$ überein. Aus dem Identitätssatz im $\mathbb{C}^n$ folgt dann, dass $f|_U = g|_U$ ist, also $x_0 \in Z$. Das ist ein Widerspruch. $X \setminus Z$ muss offen und daher Z abgeschlossen sein. Nach dem Lemma ist $f = g$. $\qquad\Box$

Theorem 2.11 (Maximumprinzip) Sei X eine zusammenhängende komplexe Mannigfaltigkeit und f eine holomorphe Funktion auf X. Nimmt $|f|$ in einem Punkt $x_0 \in X$ ein lokales Maximum an, so ist f konstant.

Beweis Sei $U = U(x_0) \subset X$ eine zusammenhängende, offene Umgebung und $\varphi : U \to B \subset \mathbb{C}^n$ eine komplexe Karte für X. O.B.d.A. sei $\varphi(x_0) = \mathbf{0}$. Für $\mathbf{v} \in \mathbb{C}^n \setminus \{\mathbf{0}\}$ sei $L_\mathbf{v} := \mathbb{C}\mathbf{v}$ die „komplexe Gerade" durch $\mathbf{0}$ in Richtung $\mathbf{v}$. Außerdem sei $\tilde{f} := f \circ \varphi^{-1} : B \cap L_\mathbf{v} \to \mathbb{C}$. Dann hat $|\tilde{f}|$ in $\mathbf{0}$ ein lokales Maximum. Nach dem Maximumprinzip in $\mathbb{C}$ ist $\tilde{f}$ auf $B \cap L_\mathbf{v}$ konstant $(= \tilde{f}(\mathbf{0}))$. Aber damit ist $\tilde{f}$ sogar auf ganz B konstant, und das gilt dann auch für f auf U. Nach dem Identitätssatz ist f somit auf X konstant. $\qquad\Box$

Korollar 2.12 *Ist X eine zusammenhängende, kompakte komplexe Mannigfaltigkeit, so ist jede holomorphe Funktion auf X konstant.*

Beweis Da die Funktion $|f|$ stetig ist, nimmt sie auf dem kompakten Raum X ein globales Maximum an, das dann zugleich ein lokales Maximum ist. $\qquad\Box$

Definition 2.13 Eine stetige Abbildung $F : X \to Y$ zwischen zwei komplexen Mannigfaltigkeiten heißt **holomorph,** falls für jede offene Menge $V \subset Y$ und für jede Funktion $f \in \mathcal{O}(V)$ auch $f \circ F \in \mathcal{O}(F^{-1}(V))$ ist.

Ist F holomorph und bijektiv und F^{-1} ebenfalls holomorph, so nennt man F **biholomorph.** Zwei komplexe Mannigfaltigkeiten X und Y heißen **biholomorph äquivalent** oder **isomorph,** falls es eine biholomorphe Abbildung $F : X \to Y$ gibt.

Proposition 2.14 *X, Y und Z seien komplexe Mannigfaltigkeiten.*

1. *$\mathrm{id}_X : X \to X$ mit $\mathrm{id}_X(x) = x$ ist biholomorph.*
2. *Sind $F : X \to Y$ und $G : Y \to Z$ holomorph, so ist $G \circ F : X \to Z$ ebenfalls holomorph.*

Der Beweis ist trivial.

Anmerkung 2.15 Wer schon etwas von Kategorien gehört hat, erkennt nun: Die komplexen Mannigfaltigkeiten bilden eine Kategorie. Objekte sind die zugrundeliegenden topologischen Räume, zusammen mit der durch einen Atlas und die Strukturgarbe gegebenen komplexen Struktur. Morphismen sind die holomorphen Abbildungen.

Ist nun $F : X \to \mathbb{C}^k$ ein solcher Morphismus, so sind die k Funktionen $F_i := z_i \circ F$ Elemente von $\mathcal{O}(X)$. Da offensichtlich $F(x) = (F_1(x), \dots, F_k(x))$ für alle $x \in X$ gilt, ist F auch eine holomorphe Abbildung im klassischen Sinn.

Ist umgekehrt $F = (F_1, \dots, F_k)$ eine klassische holomorphe Abbildung von X nach $\mathbb{C}^k$, so betrachten wir eine offene Menge $U \subset \mathbb{C}^k$ und eine holomorphe Funktion $g \in \mathcal{O}(U)$. Ist $\varphi : V \to B$ eine Karte für X mit $F(V) \subset U$, so ist $F \circ \varphi^{-1} = (F_1 \circ \varphi^{-1}, \dots, F_k \circ \varphi^{-1}) : B \to \mathbb{C}^k$ eine holomorphe Abbildung im klassischen Sinn und $(g \circ F) \circ \varphi^{-1} = g \circ (F \circ \varphi^{-1})$ eine holomorphe Funktion auf B und damit $g \circ F \in \mathcal{O}(F^{-1}(U))$, also F ein Morphismus.

Proposition 2.16 $F : X \to Y$ *ist genau dann holomorph, wenn es zu jedem $x \in X$ eine Karte (U, φ) für X in x und eine Karte (V, ψ) für Y in $y = F(x)$ gibt, so dass $\psi \circ F \circ \varphi^{-1} : \varphi(U) \to \psi(V)$ holomorph ist.*

Beweis Sei $F : X \to Y$ holomorph. Für offene Mengen $V \subset Y$ und jedes $g \in \mathcal{O}(V)$ ist dann $g \circ F$ auf $F^{-1}(V)$ holomorph. Das gilt insbesondere für jede Komponente ψ_i einer Karte ψ von Y. Ist dann (U, φ) eine Karte für X, so ist auch $\psi \circ F \circ \varphi^{-1}$ holomorph.

Gilt umgekehrt das Kriterium, so ist $(g \circ F) \circ \varphi^{-1} = (g \circ \psi^{-1}) \circ (\psi \circ F \circ \varphi^{-1})$ holomorph für alle holomorphen Funktionen g.   □

Sind X und Y komplexe Mannigfaltigkeiten der Dimensionen n und m, so ist auch das kartesische Produkt $X \times Y$ eine komplexe Mannigfaltigkeit (der Dimension $n + m$). Ist (U, φ) eine Karte für X und (V, ψ) eine Karte für Y, so ist $\varphi \times \psi : U \times V \to \mathbb{C}^{n+m}$ mit $(\varphi \times \psi)(x, y) := (\varphi(x), \psi(y))$ eine Karte für $X \times Y$. Die Kompatibilität der Karten ist einfach zu sehen.

Analog kann man natürlich auch das kartesische Produkt von endlich vielen Mannigfaltigkeiten bilden.

Definition 2.17 Sei X eine n-dimensionale komplexe Mannigfaltigkeit. Eine Teilmenge $A \subset X$ heißt **analytisch,** falls es zu jedem Punkt $x_0 \in X$ eine offene Umgebung $U = U(x_0) \subset X$ und endlich viele holomorphe Funktionen $f_1, \dots, f_q$

auf U gibt, so dass gilt:

$$U \cap A = \{x \in U \ : \ f_1(x) = \cdots = f_q(x) = 0\}. \tag{2.2}$$

Kommt man immer mit einer holomorphen Funktion aus, so nennt man A eine **analytische Hyperfläche.**

Eine analytische Menge $A \subset X$ ist offensichtlich abgeschlossen in X.

Proposition 2.18 *Sei X eine zusammenhängende komplexe Mannigfaltigkeit. Ist $A \neq X$ eine analytische Menge in X, so ist $A° = \emptyset$.*

Beweis Wäre $A° \neq \emptyset$, so gäbe es einen Punkt $x_0 \in \partial A$, und für jede offene Umgebung $U = U(x_0) \subset X$ wäre $U \cap A°$ offen und nicht leer. Man könnte U zusammenhängend und dazu so wählen, dass es holomorphe Funktionen $f_1, \ldots, f_q \in \mathcal{O}(U)$ mit $U \cap A = \{x \in U \ : \ f_1(x) = \cdots = f_q(x) = 0\}$ gibt. Dann verschwinden alle f_i auf $U \cap A°$ und nach dem Identitätssatz dann auch auf U. Das würde aber bedeuten, dass U in $A°$ liegt, und das kann nicht sein. $\qquad\square$

Eine analytische Menge $A \subset X$ heißt in $x_0 \in A$ **regulär (von Codimension q)**, falls es eine offene Umebung $U = U(x_0) \subset X$ und holomorphe Funktionen $f_1, \ldots, f_q$ auf U gibt, so dass gilt:

1. $A \cap U = \{x \in U \ : \ f_1(x) = \cdots = f_q(x) = 0\}$.
2. $\mathrm{rg}_{x_0}(f_1, \ldots, f_q) = q$.

Dabei ist $\mathrm{rg}_x(f_1, \ldots, f_q)$ der Rang der Funktionalmatrix

$$\left(\frac{\partial(f_i \circ \varphi^{-1})}{\partial z_j}(\varphi(x)) \ \middle| \ \begin{array}{l} i = 1, \ldots, q \\ j = 1, \ldots, n \end{array} \right). \tag{2.3}$$

Man kann zeigen, dass dieser Rang nicht von der gewählten Karte φ abhängt.

Man nennt die analytische Menge $A \subset X$ eine **Untermannigfaltigkeit der Dimension d**, wenn sie überall regulär von Codimension $n - d$ ist.

Proposition 2.19 *Eine analytische Menge A ist genau dann regulär von Codimension d in $p \in A$, wenn es eine komplexe Karte (U, φ) für X in p mit $\varphi(U) = B \subset \mathbb{C}^n$ und $\varphi(U \cap A) = \{\mathbf{w} \in B \ : \ w_{n-d+1} = \cdots = w_n = 0\}$.*

Ist A eine komplexe Untermannigfaltigkeit von X, so ist A selbst eine komplexe Mannigfaltigkeit.

Beweis Sei (U, ψ) eine beliebige Karte in p und $W := \psi(U)$. Dann ist $\tilde{A} := \psi(A \cap U)$ eine analytische Teilmenge von W, die regulär von der Codimension d in $\mathbf{z}_0 := \psi(p)$ ist, und es gibt eine biholomorphe Abbildung $\mathbf{f}$ von W auf eine offene Umgebung $B = B(\mathbf{0}) \subset \mathbb{C}^n$ mit $\mathbf{f}(\mathbf{z}_0) = \mathbf{0}$ und $\mathbf{f}(\tilde{A}) = \{\mathbf{w} : w_{n-d+1} = \cdots = w_n = 0\}$. Wir setzen dann $\varphi := \mathbf{f} \circ \psi$.

Dass eine Untermannigfaltigkeit A von X die Struktur einer Mannigfaltigkeit erbt, kann nun auf die gleiche Weise wie im Falle $X = \mathbb{C}^n$ bewiesen werden. $\quad\square$

Beispiel 2.20 Sei $F : X \to Y$ eine holomorphe Abbildung von einer n-dimensionalen Mannigfaltigkeit in eine m-dimensionale Mannigfaltigkeit. Dann nennt man

$$G_F := \{(x, y) \in X \times Y : y = F(x)\} \tag{2.4}$$

den **Graphen** von F.

Sei $p_0 \in X$ ein Punkt und $q_0 := F(p_0) \in Y$. Wir wählen Karten (U, φ) für X in p_0 und (V, ψ) für Y in q_0, mit $F(U) \subset V$. Dann ist $(U \times V, \varphi \times \psi)$ eine Karte für $X \times Y$ in $(p_0, q_0) \in G_F$. Schreibt man $\psi \circ F = (f_1, \ldots, f_m)$, so erhält man: $G_F \cap (U \times V) = \{(\varphi \times \psi)^{-1}(\mathbf{z}, \mathbf{w}) : f_i \circ \varphi^{-1}(\mathbf{z}) - w_i = 0 \text{ für } i = 1, \ldots, m\}$. Also wird G_F lokal durch die Funktionen $g_i(p, q) := f_i(p) - w_i \circ \psi(q)$, für $i = 1, \ldots, m$, definiert. Weil $\mathrm{rg}_{(p_0, q_0)}(g_1, \ldots, g_m) = m$ ist, ist G_F eine n-dimensionale Untermannigfaltigkeit.

Die **Diagonale** $\Delta_X := \{(x, x') \in X \times X : x = x'\}$ ist ein Spezialfall, nämlich der Graph der identischen Abbildung.

Ist X eine komplexe Mannigfaltigkeit, $Y \subset X$ eine Untermannigfaltigkeit, $U \subset X$ offen, $U \cap Y \neq \emptyset$ und $f : U \to \mathbb{C}$ holomorph, so ist auch $f|_{U \cap Y} : U \cap Y \to \mathbb{C}$ holomorph.

Korollar 2.21 *Es gibt im $\mathbb{C}^n$ keine kompakte komplexe Untermannigfaltigkeit positver Dimension.*

Beweis Ist $X \subset \mathbb{C}^n$ eine zusammenhängende, kompakte komplexe Untermannigfaltigkeit, so sind alle Koordinatenfunktionen z_ν auf X konstant. Das bedeutet, dass X aus einem einzigen Punkt besteht. Ist X nicht zusammenhängend, so besteht X aus höchstens endlich vielen Punkten. $\quad\square$

Bis jetzt ist unklar, ob es überhaupt kompakte komplexe Mannigfaltigkeiten gibt. Die Frage werden wir in Abschn. 2.4 beantworten.

2.3 Tangentialvektoren

Sei X eine n-dimensionale komplexe Mannigfaltigkeit, $M \subset X$ offen. Wir nennen eine Funktion $f : M \to \mathbb{C}$ **glatt,** falls für jede Karte (U, φ) von X mit $U \cap M \neq \emptyset$ die Funktion $f \circ \varphi^{-1}$ unendlich oft (reell) differenzierbar auf $\varphi(U \cap M)$ ist. Die $\mathbb{R}$-Algebra der reellwertigen glatten Funktionen auf M bezeichnen wir mit $\mathscr{E}(M)$ und die $\mathbb{C}$-Algebra der komplexwertigen glatten Funktionen mit $\mathscr{E}(M, \mathbb{C})$.

Glatte Funktionen sind viel flexibler als holomorphe Funktionen. Insbesondere gilt:

Proposition 2.22 *Sei* $U \subset X$ *offen und* $V \subset\subset U$ *eine offene Teilmenge. Dann gibt es eine Funktion* $f \in \mathscr{E}(X)$ *mit* $f|_V = 0$ *und* $f|_{(X \setminus U)} = 1$.

Auf den langwierigen Beweis verzichten wir hier. Für holomorphe Funktionen kann ein solcher Satz wegen des Identitätssatzes natürlich nicht gelten.

Sei nun X eine n-dimensionale Mannigfaltigkeit und $a \in X$ ein beliebiger Punkt.

Definition 2.23 Eine **Derivation** auf X in a ist eine $\mathbb{R}$-lineare Abbildung $\xi :$ $\mathscr{E}(X) \to \mathbb{R}$, so dass gilt:

$$\xi[f \cdot g] = \xi[f] \cdot g(a) + f(a) \cdot \xi[g] \quad \text{für } f, g \in \mathscr{E}(X). \qquad (2.5)$$

Ist c eine Konstante, so ist $\xi[c] = 0$ für jede Derivation ξ.

Proposition 2.24 *Ist* $f \in \mathscr{E}(X)$ *und* $f|_U = 0$ *für eine offene Umgebung* $U = U(a) \subset X$, *so ist* $\xi[f] = 0$ *für jede Derivation* ξ *in* a.

Beweis Wir wählen eine Funktion $g \in \mathscr{E}(X)$, so dass $g|_V = 0$ für eine offene Umgebung $V = V(a) \subset\subset U$ ist, und $g|_{(X \setminus U)} = 1$. Dann ist $g \cdot f = f$, und aus der Derivationsregel folgt: $\xi[f] = \xi[g \cdot f] = \xi[g] \cdot f(a) + g(a) \cdot \xi[f] = 0$. $\quad\square$

Korollar 2.25 *Sind* f, g *zwei Funktionen aus* $\mathscr{E}(X)$ *mit* $f|_U = g|_U$ *für eine Umgebung* $U = U(a) \subset X$, *so ist* $\xi[f] = \xi[g]$ *für jede Derivation* ξ *in* a.

Aus dem Korollar folgt, dass man Derivationen auf lokal definierte Funktionen beschränken und deshalb sogar auf Funktionskeimen definieren kann. Ist $\varphi = (z_1, \ldots, z_n) : U \to \mathbb{C}^n$ ein Koordinatensystem in a und $z_\nu = x_\nu + \mathrm{i}\, y_\nu$, so definiert man partielle Ableitungen in a durch

$$\left(\frac{\partial}{\partial x_\nu} \right)_a [f] := (f \circ \varphi^{-1})_{x_\nu}(\varphi(a)) \quad \text{und} \quad \left(\frac{\partial}{\partial y_\nu} \right)_a [f] := (f \circ \varphi^{-1})_{y_\nu}(\varphi(a)),$$

(2.6)

für $\nu = 1, \ldots, n$. Die partiellen Ableitungen sind offensichtlich Derivationen. Sie hängen vom gegebenen Koordinatensystem ab, aber wenn man einmal seine Wahl getroffen hat, dann hat jede Derivation ξ in a eine eindeutige Darstellung[1]

$$\xi = \sum_{\nu=1}^{n} a_\nu \left(\frac{\partial}{\partial x_\nu} \right)_a + \sum_{\nu=1}^{n} b_\nu \left(\frac{\partial}{\partial y_\nu} \right)_a,$$

(2.7)

mit $a_\nu = \xi[x_\nu]$ und $b_\nu = \xi[y_\nu]$ für $\nu = 1, \ldots, n$. So sieht man, dass die Menge $\mathrm{Der}^r_a(X)$ aller Derivationen auf X in a einen $(2n)$-dimensionalen reellen Vektorraum bildet.

Man kann die Derivationen aus $\mathrm{Der}^r_a(X)$ auch auf Funktionen aus $\mathscr{E}(X, \mathbb{C})$ anwenden. Ist $f = g + \mathrm{i}\, h \in \mathscr{E}(X, \mathbb{C})$, so setzt man $\xi[f] := \xi[g] + \mathrm{i}\, \xi[h]$. Damit kann man die Derivationen insbesondere auf holomorphe Funktionskeime anwenden und zeigen:

Proposition 2.26 *Eine Derivation ξ in a ist durch ihre Werte $\xi[f]$ auf holomorphen Funktionskeimen eindeutig bestimmt.*

Beweis ξ ist durch die Werte $a_\nu = \xi[x_\nu]$ und $b_\nu = \xi[y_\nu]$ festgelegt, also auch durch die Zahlen $c_\nu := a_\nu + \mathrm{i}\, b_\nu$. Es ist aber $a_\nu + \mathrm{i}\, b_\nu = \xi[x_\nu] + \mathrm{i}\, \xi[y_\nu] = \xi[x_\nu + \mathrm{i}\, y_\nu] = \xi[z_\nu]$. $\qquad\square$

Man kann diesen Satz benutzen, um den $(2n)$-dimensionalen reellen Vektorraum $\mathrm{Der}^r_a(X)$ mit einer komplexen Struktur zu versehen, indem man $(\mathrm{i}\,\xi)[f] := \mathrm{i}\,(\xi[f])$ für holomorphe Funktionen f setzt. Man beachte dabei: Ist g eine reellwertige glatte Funktion, so ist $(\mathrm{i}\,\xi)[g]$ reell, aber $\mathrm{i}\,(\xi[g])$ rein imaginär.

---

[1] Zum Beweis benutze man, dass jede glatte Funktion f auf einer Umgebung $U = U(\mathbf{z}_0) \subset \mathbb{C}^n$ eine eindeutige Darstellung $f(\mathbf{z}) = \sum_{\nu=1}^{n} g_\nu(\mathbf{z})(x_\nu - x_\nu^0) + \sum_{\nu=1}^{n} h_\nu(\mathbf{z})(y_\nu - y_\nu^0)$ besitzt, mit Funktionen $g_\nu, h_\nu \in \mathscr{E}(U)$ und $g_\nu(\mathbf{z}_0) = f_{x_\nu}(\mathbf{z}_0)$ und $h_\nu(\mathbf{z}_0) = f_{y_\nu}(\mathbf{z}_0)$.

Beispiel 2.27 Es ist i $\left(\dfrac{\partial}{\partial x_v}\right)_a = \left(\dfrac{\partial}{\partial y_v}\right)_a$ und i $\left(\dfrac{\partial}{\partial y_v}\right)_a = -\left(\dfrac{\partial}{\partial x_v}\right)_a$.

Man kann $\mathrm{Der}_a^r(X)$ mit dem komplexen Vektorraum der komplexwertigen Derivationen auf $\mathscr{O}_x(X)$ identifizieren, dessen Elemente η eine eindeutige Darstellung

$$\eta = \sum_{v=1}^{n} c_v \frac{\partial}{\partial z_v} \ (\text{mit } c_v \in \mathbb{C}) \tag{2.8}$$

besitzen. Man beachte aber: In der Literatur findet man oft Ausdrücke der Gestalt

$$\sum_{v=1}^{n} c_v \frac{\partial}{\partial z_v} + \sum_{v=1}^{n} d_v \frac{\partial}{\partial \bar{z}_v}. \tag{2.9}$$

Das sind keine (reellen) Derivationen, sondern Elemente des $(2n)$-dimensionalen $\mathbb{C}$-Vektorraumes $\mathrm{Der}_a^r(X) \otimes \mathbb{C}$.

Eine etwas geometrischere Interpretation der Elemente von $\mathrm{Der}_a^r(X)$ erhält man folgendermaßen:

Betrachtet werden Paare $(\varphi, \mathbf{v})$, wobei $\mathbf{v} \in \mathbb{C}^n$ und φ eine Karte in a ist. Zwei solche Paare $(\varphi, \mathbf{v})$ und $(\psi, \mathbf{w})$ heißen äquivalent, falls gilt:

$$\mathbf{w}^\top = J_{\psi \circ \varphi^{-1}}(\varphi(a)) \cdot \mathbf{v}^\top, \tag{2.10}$$

also $D(\psi \circ \varphi^{-1})(\varphi(a))\mathbf{v} = \mathbf{w}$. Es ist klar, dass das eine Äquivalenzrelation ist. Die Menge der Äquivalenzklassen $[\varphi, \mathbf{v}]$ wird mit $T_a(X)$ bezeichnet. Durch die bijektive Abbildung $\theta_\varphi : \mathbb{C}^n \to T_a(X)$ mit $\theta_\varphi(\mathbf{v}) := [\varphi, \mathbf{v}]$ wird die Vektorraum-Struktur des $\mathbb{C}^n$ auf $T_a(X)$ übertragen. Man nennt $T_a(X)$ den *Tangentialraum* von X in a.

Der Tangentialraum ist auf natürliche Weise isomorph zum Raum $\mathrm{Der}_a^r(X)$: Ist ein Paar $(\varphi, \mathbf{v})$ mit $\mathbf{v} \in \mathbb{C}^n$ und einer Karte φ in a gegeben, so kann man eine Derivation $\xi_{\varphi,\mathbf{v}}$ in a definieren durch

$$\xi_{\varphi,\mathbf{v}}[f] := D(f \circ \varphi^{-1})\,(\varphi(a))\,(\mathbf{v}) \ \text{für alle } f \in \mathscr{O}_a. \tag{2.11}$$

Ist $(\varphi, \mathbf{v})$ äquivalent zu $(\psi, \mathbf{w})$, so gilt für holomorphe Funktionen f:

$$D(f \circ \varphi^{-1})\,(\varphi(a))\,(\mathbf{v}) = D\big((f \circ \psi^{-1}) \circ (\psi \circ \varphi^{-1})\big)(\varphi(a))(\mathbf{v})$$
$$= D(f \circ \psi^{-1})(\psi(a)) \circ D(\psi \circ \varphi^{-1})(\varphi(a))(\mathbf{v})$$
$$= D(f \circ \psi^{-1})(\psi(a))(\mathbf{w}),$$

also $\xi_{\varphi,\mathbf{v}}[f] = \xi_{\psi,\mathbf{w}}[f]$. Damit ist die Definition von $\xi_{\varphi,\mathbf{v}}$ unabhängig vom Repräsentanten.

Ist umgekehrt eine Derivation ξ gegeben und $\varphi = (z_1, \ldots, z_n)$ eine Karte in a, so setze man $\mathbf{v} := (\xi(z_1), \ldots, \xi(z_n))$. Dann ist $\xi_{\varphi,\mathbf{v}} = \xi$.

Die Zuordnung $[\varphi, \mathbf{v}] \mapsto \xi_{\varphi,\mathbf{v}}$ von $T_a(X)$ auf $\mathrm{Der}_a^r(X)$ ist offensichtlich linear und surjektiv, also ein Isomorphismus.

Definition 2.28 Sei $F : X \to Y$ eine holomorphe Abbildung zwischen komplexen Mannigfaltigkeiten, $x \in X$ ein beliebiger Punkt und $y := F(x) \in Y$.

Die *Tangentialabbildung* $(F_*)_x = T_x(F) : T_x(X) \to T_y(Y)$ wird definiert durch

$$(F_*)_x([\varphi, \mathbf{v}]) := [\psi, D(\psi \circ F \circ \varphi^{-1})(\varphi(x))(\mathbf{v})], \qquad (2.12)$$

wenn φ eine Karte in x und ψ eine Karte in y ist.

Die Abbildung $(F_*)_x$ ist offensichtlich linear, und ihr entspricht eine Abbildung von $\mathrm{Der}_a^r(X)$ nach $\mathrm{Der}_{F(a)}^r(Y)$, die auch mit $(F_*)_x$ bezeichnet wird.

Proposition 2.29 *Die Abbildung $(F_*)_x$ wirkt auf Derivationen $\xi \in \mathrm{Der}_a^r(X)$ wie folgt:*

$$((F_*)_x\xi)[g] := \xi[g \circ F], \text{ für } \xi \in \mathrm{Der}_x^r(X) \text{ und } g \in \mathcal{O}_y(Y). \qquad (2.13)$$

Beweis Ist $\xi = \xi_{\varphi,\mathbf{v}}$ und $(F_*)_x([\varphi, \mathbf{v}]) = [\psi, \mathbf{w}]$, so folgt:

$$\xi_{\varphi,\mathbf{v}}[g \circ F] = D(g \circ F \circ \varphi^{-1})(\varphi(x))(\mathbf{v})$$
$$= D(g \circ \psi^{-1})(\psi(y)) \circ D(\psi \circ F \circ \varphi^{-1})(\varphi(x))(\mathbf{v})$$
$$= D(g \circ \psi^{-1})(\psi(y))(\mathbf{w}) = \xi_{\psi,\mathbf{w}}(g). \qquad \square$$

Anmerkung 2.30 Sei $F : U \to V$ eine holomorphe Abbildung zwischen offenen Mengen im $\mathbb{C}^n$ bzw. $\mathbb{C}^m$. Weil man im $\mathbb{C}^n$ nur die triviale Karte $\mathrm{id}_{\mathbb{C}^n}$ braucht, kann man $T_{\mathbf{z}}(U)$ mit dem $\mathbb{C}^n$ identifizieren, und dann ist $(F_*)_{\mathbf{z}}(\mathbf{v}) = DF(\mathbf{z})(\mathbf{v}) = \mathbf{v} \cdot J_F(\mathbf{z})^\top$.

Wir sind besonders an dem Fall interessiert, dass die (lokale) Jacobi-Matrix einer holomorphen Abbildung $F : X \to Y$ maximalen Rang besitzt. Ist $n = \dim(X)$ und $m = \dim(Y)$, so ist der Rang durch $\min(n, m)$ beschränkt. Es gibt zwei Extremfälle:

Definition 2.31 Die holomorphe Abbildung F heißt eine **Immersion in** x, falls $\operatorname{rg}(F_*)_x = n \leq m$ ist, und F heißt eine **Submersion in** x, falls $\operatorname{rg}(F_*)_x = m \geq n$ ist. Im ersten Fall ist $(F_*)_x$ injektiv, im zweiten Fall surjektiv.

F heißt eine **Immersion** (bzw. **Submersion**), falls F in jedem Punkt $x \in X$ eine Immersion (bzw. eine Submersion) ist.

Anmerkung 2.32 Ist $F : X \to Y$ eine **injektive** Immersion, so gibt es zu jedem $x \in X$ Umgebungen $U(x) \subset X$ und $V(F(x)) \subset Y$, so dass $F(U)$ eine Untermannigfaltigkeit von V ist. Ist X auch noch kompakt, so ist $F(X)$ eine Untermannigfaltigkeit von Y. Man vergleiche dazu Proposition 2.60.

Theorem 2.33 *Sei $x_0 \in X$ und $y_0 := F(x_0)$. Dann sind folgende Aussagen äquivalent:*

1. *F ist eine Submersion in x_0.*
2. *Es gibt Umgebungen $U = U(x_0) \subset X$ und $V = V(y_0) \subset Y$ mit $F(U) \subset V$, eine Mannigfaltigkeit Z und eine holomorphe Abbildung $G : U \to Z$, so dass durch $x \mapsto (F(x), G(x))$ eine biholomorphe Abbildung von U auf eine offene Teilmenge von $V \times Z$ definiert wird.*
3. *Es gibt eine offene Umgebung $V = V(y_0) \subset Y$ und eine holomorphe Abbildung $s : V \to X$ mit $s(y_0) = x_0$ und $F \circ s = \operatorname{id}_V$. (Dann nennt man s einen **lokalen Schnitt** für F.)*

Beweis (1) $\Longrightarrow$ (2) : Wir können uns auf die lokale Situation beschränken und annehmen, dass $U = U(\mathbf{0}) \subset \mathbb{C}^n$ und $V = V(\mathbf{0}) \subset \mathbb{C}^m$ offene Umgebungen sind und $F : U \to V$ eine holomorphe Abbildung mit $F(\mathbf{0}) = \mathbf{0}$ und $\operatorname{rg}(J_F(\mathbf{0})) = m$ ist.

Wir schreiben $J_F(\mathbf{0}) = \left(J_F'(\mathbf{0}), J_F''(\mathbf{0}) \right)$, mit $J_F'(\mathbf{0}) \in M_{m,m}(\mathbb{C})$ und $J_F''(\mathbf{0}) \in M_{m,n-m}(\mathbb{C})$. Indem wir geeignete Koordinaten wählen, können wir annehmen, dass $\det J_F'(\mathbf{0}) \neq 0$ ist. Wir definieren eine neue holomorphe Abbildung $\tilde{F} : U \to V \times \mathbb{C}^{n-m} \subset \mathbb{C}^n$ durch

$$\tilde{F}(\mathbf{z}', \mathbf{z}'') := (F(\mathbf{z}', \mathbf{z}''), \mathbf{z}''), \quad \text{für } \mathbf{z}' \in \mathbb{C}^m, \ \mathbf{z}'' \in \mathbb{C}^{n-m}. \tag{2.14}$$

Dann folgt:

$$J_{\tilde{F}}(0) = \begin{pmatrix} J_F'(0) & J_F''(0) \\ 0 & \mathbf{E}_{n-m} \end{pmatrix}, \quad \text{und deshalb } \det J_{\tilde{F}}(0) \neq 0. \tag{2.15}$$

Nach dem Satz über inverse Abbildungen gibt es Umgebungen $\tilde{U}(0) \subset U$ und $W(0) \subset \mathbb{C}^n$, so dass $\tilde{F} : \tilde{U} \to W$ biholomorph ist.

$Z := \mathbb{C}^{n-m}$ ist eine komplexe Mannigfaltigkeit, und $G := \mathrm{pr}_2 : \tilde{U} \to Z$ mit $(\mathbf{z}', \mathbf{z}'') \mapsto \mathbf{z}''$ ist eine holomorphe Abbildung, so dass $(F, G) = \tilde{F}$ nahe $\mathbf{0}$ biholomorph ist.

(2) $\implies$ (3) : Sind U, V, Z und G gegeben, so dass $F(U) \subset V$ und $(F, G) : U \to W \subset V \times Z$ biholomorph ist, so kann $s : V \to X$ durch $s(y) := (F, G)^{-1}(y, G(x_0))$ definiert werden. Dann ist $(F, G)(s(y_0)) = (y_0, G(x_0)) = (F, G)(x_0)$ und deshalb $s(y_0) = x_0$. Außerdem ist $(F, G) \circ s(y) = (F, g) \circ (F, G)^{-1}(y, G(x_0)) = (y, G(x_0))$, also $F \circ s(y) = y$.

(3) $\implies$ (1) : Ist s ein lokaler Schnitt für F, mit $s(y_0) = x_0$, so ist $F_* \circ s_*(v) = v$ für jedes $v \in T_{y_0}(Y)$. Daraus folgt unmittelbar, dass F_* surjektiv ist. $\square$

Korollar 2.34 *Ist $F : X \to Y$ eine Submersion, so ist für jedes $y \in Y$ die Faser $F^{-1}(y)$ leer oder eine $(n - m)$-dimensionale Untermannigfaltigkeit von X. Im letzteren Fall ist $T_x(F^{-1}(y)) = \mathrm{Ker}((F_*)_x)$ für alle $x \in F^{-1}(y)$.*

Beweis Betrachten wir einen Punkt $x_0 \in X$. Sei $M := F^{-1}(y_0)$ die Faser über $y_0 := F(x_0)$. Dann kann man Umgebungen $U = U(x_0) \subset X$, $V = V(y_0) \subset Y$, eine Mannigfaltigkeit Z und eine holomorphe Abbildung $G : U \to Z$ finden, so dass $(F, G) : U \to W \subset V \times Z$ biholomorph ist. Es folgt, dass $M \cap U = (F, G)^{-1}(\{y_0\} \times Z) \cap U$ eine Mannigfaltigkeit der Dimension $n - m$ ist.

Da $F|_M$ konstant ist, folgt: $F_*|T_{x_0}(M) \equiv 0$. Das bedeutet, dass $T_{x_0}(M) \subset \mathrm{Ker}(F_*)$ ist. Da diese Räume die gleiche Dimension besitzen, müssen sie gleich sein. $\square$

Sei nun X eine beliebige komplexe Mannigfaltigkeit.

Definition 2.35 Ein *holomorphes Vektorbündel* über X vom Rang q ist eine komplexe Mannigfaltigkeit E, zusammen mit einer holomorphen Abbildung $\pi : E \to X$, falls folgendes existiert:

1. Eine offene Überdeckung $\mathscr{U} = \{U_\iota : \iota \in I\}$ von X,
2. zu jedem $\iota \in I$ eine biholomorphe Abbildung $\varphi_\iota : \pi^{-1}(U_\iota) \to U_\iota \times \mathbb{C}^q$ mit $\mathrm{pr}_1 \circ \varphi_\iota = \pi$,
3. zu jedem Paar von Indizes $(\iota, \kappa) \in I \times I$ eine holomorphe Abbildung $g_{\iota\kappa}$: $U_\iota \cap U_\kappa \to \mathrm{GL}_q(\mathbb{C})$ mit $\varphi_\iota \circ \varphi_\kappa^{-1}(x, \mathbf{z}) = (x, \mathbf{z} \cdot g_{\iota\kappa}(x)^\top)$ für $x \in U_{\iota\kappa} := U_\iota \cap U_\kappa$ und $\mathbf{z} \in \mathbb{C}^q$.

Die Abbildungen φ_ι nennt man *lokale Trivialisierungen* oder *Vektorbündelkarten*, und die Abbildungen $g_{\iota\kappa}$ ein *System von Übergangsfunktionen*.

Die Fasern $E_x := \pi^{-1}(x)$ sind q-dimensionale Vektorräume. Ist $q = 1$, so nennt man E ein *Geradenbündel*.

Definition 2.36 Ist $\pi : E \to X$ ein komplexes Vektorbündel und $U \subset X$ offen, so nennt man eine holomorphe Abbildung $s : U \to E$ mit $\pi \circ s = \mathrm{id}_U$ einen *(holomorphen) Schnitt* über U in E. Die Menge aller Schnitte über U in E bezeichnet man mit $\Gamma(U, E)$.

Das Vektorbündel E heißt *global erzeugt* falls die kanonische Abbildung $\Gamma(X, E) \to E_x$ mit $s \mapsto s(x)$ für jedes $x \in X$ surjektiv ist.

Sei $(U_\iota, \Phi_\iota)_{\iota \in I}$ eine Familie von Vektorbündelkarten $\Phi_\iota : \pi^{-1}(U_\iota) \to U_\iota \times \mathbb{C}^q$ für E, und $g_{\iota\kappa} : U_{\iota\kappa} \to \mathrm{GL}_r(\mathbb{C})$ ein System von Übergangsfunktionen, gegeben durch

$$\Phi_\iota \circ \Phi_\kappa^{-1}(x, \mathbf{z}) = \left(x, \mathbf{z} \cdot g_{\iota\kappa}(x)^\top\right) \quad \text{für} \quad (x, \mathbf{z}) \in U_{\iota\kappa} \times \mathbb{C}^r. \tag{2.16}$$

Ist s ein holomorpher Schnitt in E, dann definiert $\Phi_\iota \circ s|_{U_\iota}(x) = (x, s_\iota(x))$ ein System von holomorphen Abbildungen $s_\iota : U_\iota \to \mathbb{C}^q$, und man erhält die Übergangsbedingung

$$s_\iota(x) = s_\kappa(x) \cdot g_{\iota\kappa}(x)^\top \quad \text{auf } U_{\iota\kappa}. \tag{2.17}$$

Umgekehrt definiert jedes solche System (s_ι) einen globalen Schnitt s.

Die Menge aller Schnitte in E (über beliebigen offenen Mengen) bildet übrigens eine Prägarbe auf X. Die zugehörige Garbe bezeichnen wir mit $\mathscr{O}(X, E)$.

Definition 2.37 Es seien E, F zwei holomorphe Vektorbündel über X. Ein *Vektorbündelhomomorphismus* zwischen E und F ist eine fasertreue holomorphe Abbildung $\eta : E \to F$, die für jedes $x \in X$ eine lineare Abbildung $\eta_x : E_x \to F_x$ induziert.

Die Abbildung η nennt man einen **Vektorbündelisomorphismus,** falls η bijektiv ist und η und η^{-1} beide Vektorbündelhomomorphismen sind.

Ein holomorphes Vektorbündel E vom Rang q über X heißt **trivial,** falls es isomorph zum Bündel $X \times \mathbb{C}^q$ ist. Das ist äquivalent zur Existenz einer **Basis** $\{\xi_1, \ldots, \xi_r\}$ von holomorphen Schnitten $\xi_i \in \Gamma(X, E)$, so dass für jedes $x \in X$ die Elemente $\xi_1(x), \ldots, \xi_r(x) \in V_x$ linear unabhängig sind. Dann ist E natürlich global erzeugt. Es gibt aber auch nichttriviale Bündel, die global erzeugt sind.

Proposition 2.38 *Eine holomorphe Abbildung* $\eta : E \to F$ *ist genau dann ein Vektorbündelhomomorphismus, wenn es zu jedem Paar von Vektorbündelkarten* $\Phi :$ $E|_U \to U \times \mathbb{C}^p$ *and* $\Psi : F|_U \to U \times \mathbb{C}^q$ *eine holomorphe Abbildung* $h : U \to$ $M_{p,q}(\mathbb{C})$ *gibt, so dass gilt:*

$$\Psi^{-1} \circ \eta \circ \Phi(x, \mathbf{z}) = (x, \mathbf{z} \cdot h(x)^\top). \tag{2.18}$$

Den elementaren Beweis lassen wir weg.

Beispiel 2.39 Man kann Vektorbündel auch durch Vorgabe eines Systems von Übergangsfunktionen definieren. Das eigentliche Bündel wird dann mit Hilfe der Übergangsfunktionen zusammengeklebt. Wir betrachten dazu ein wichtiges Beispiel.

Ist X eine n-dimensionale komplexe Mannigfaltigkeit und $(U_\iota, \varphi_\iota)_{\iota \in I}$ ein komplexer Atlas für X, so wird durch

$$g_{\iota\kappa}(x) := J_{\varphi_\iota \circ \varphi_\kappa^{-1}}(\varphi_\kappa(x)) \in \mathrm{GL}_n(\mathbb{C}) \tag{2.19}$$

ein System von Übergangsfunktionen bezüglich $\mathscr{U} = \{U_\iota, \iota \in I\}$ gegeben. Das zugehörige Vektorbündel $T(X)$ kann mit der „disjunkten Vereinigung"

$$\dot{\bigcup_{x \in X}} T_x(X) := \bigcup_{x \in X} \{x\} \times T_x(X) \text{ (mit der Projektion } \pi(x, [\varphi, \mathbf{v}]) := x) \tag{2.20}$$

aller Tangentialräume identifiziert werden. Jede Karte $\varphi : U \to B \subset \mathbb{C}^n$ liefert eine Trivialisierung $\Phi : \pi^{-1}(U) \to U \times \mathbb{C}^n$ durch $\Phi(x, [\varphi, \mathbf{v}]) := (x, \mathbf{v})$.

Ist $x \in U_\iota \cap U_\kappa$ und $[\varphi_\iota, \mathbf{v}] = [\varphi_\kappa, \mathbf{w}] \in T_x(X)$, so ist $\mathbf{v} = \mathbf{w} \cdot J_{\varphi_\iota \circ \varphi_\kappa^{-1}}(\varphi_\kappa(x))^\top$ und

$$\Phi_\iota \circ \Phi_\kappa^{-1}(x, \mathbf{w}) = \Phi_\iota(x, [\varphi_\kappa, \mathbf{w}]) = \Phi_\iota(x, [\varphi_\iota, \mathbf{v}]) = (x, \mathbf{w} \cdot g_{\iota\kappa}(x)^\top). \tag{2.21}$$

Deshalb nennt man das Vektorbündel $T(X)$ das **Tangentialbündel** von X. Einen holomorphen Schnitt in $T(X)$ bezeichnet man auch als *(holomorphes) Vektorfeld*.

2.4 Liegruppen und Quotienten

Sei G eine Gruppe, die zugleich eine n-dimensionale komplexe Mannigfaltigkeit ist. Das Inverse von $g \in G$ sei mit g^{-1} bezeichnet, das neutrale Element mit e und die Verknüpfung zweier Elemente $g_1, g_2 \in G$ mit $g_1 g_2$.

Definition 2.40 Man nennt G eine *komplexe Liegruppe,* falls gilt:

1. Die Abbildung $g \mapsto g^{-1}$ (von G nach G) ist holomorph.
2. Die Abbildung $(g_1, g_2) \mapsto g_1 g_2$ (von $G \times G$ nach G) ist holomorph.

Es gibt viele Beispiele von komplexen Liegruppen. Das einfachste ist der Raum $\mathbb{C}^n$, wobei die Verknüpfung die Vektoraddition ist, ein anderes die Gruppe $\mathbb{C}^*$ mit der gewöhnlichen Multiplikation von komplexen Zahlen.

Ein besonders wichtiges Beispiel ist die *allgemeine lineare Gruppe* $\mathrm{GL}_n(\mathbb{C}) :=$ $\{\mathbf{A} \in M_{n,n}(\mathbb{C}) : \det \mathbf{A} \neq 0\}$, von der wir schon wissen, dass sie eine komplexe Mannigfaltigkeit ist. Die Multiplikation von Matrizen ist bilinear, und die Determinanten, die bei der Berechnung des Inversen einer Matrix $\mathbf{A}$ auftreten, sind Polynome in den Koeffizienten von $\mathbf{A}$. Also handelt es sich tatsächlich um eine Liegruppe.

Jede Matrix $\mathbf{A} \in \mathrm{GL}_n(\mathbb{C})$ definiert eine lineare und deshalb holomorphe Abbildung $\Phi_{\mathbf{A}} : \mathbb{C}^n \to \mathbb{C}^n$ durch $\Phi_{\mathbf{A}}(\mathbf{z}) := \mathbf{z} \cdot \mathbf{A}^\top$. Insbesondere gilt:

$$\Phi_{\mathbf{AB}}(\mathbf{z}) = \mathbf{z} \cdot (\mathbf{AB})^\top = \mathbf{z} \cdot (\mathbf{B}^\top \mathbf{A}^\top) = (\mathbf{z} \cdot \mathbf{B}^\top) \cdot \mathbf{A}^\top = \Phi_{\mathbf{A}}(\Phi_{\mathbf{B}}(\mathbf{z})). \qquad (2.22)$$

Ist $\mathbf{E}_n$ die Einheitsmatrix, so ist $\Phi_{\mathbf{E}_n} = \mathrm{id}$. Ist umgekehrt $\mathbf{A}$ eine Matrix mit $\Phi_{\mathbf{A}} = \mathrm{id}$, so muss $\mathbf{A}$ die Einheitsmatrix sein, denn $\Phi_{\mathbf{A}}(\mathbf{e}_i) = \mathbf{e}_i \cdot \mathbf{A}^\top$ ist die Transponierte der i-ten Spalte von $\mathbf{A}$.

Diese Situation wollen wir nun verallgemeinern. Sei X eine komplexe Mannigfaltigkeit und G eine komplexe Liegruppe.

Definition 2.41 Wir sagen, G *operiert holomorph auf* X (oder ist eine *komplexe Lie-Transformationsgruppe* von X), wenn es eine holomorphe Abbildung $\Phi :$ $G \times X \to X$ mit $\Phi(g_1 g_2, x) = \Phi(g_1, \Phi(g_2, x))$ für $g_1, g_2 \in G$ und $x \in X$ gibt.

Die holomorphe Abbildung $x \mapsto \Phi(g, x)$ bezeichnen wir mit Φ_g. Man sagt, dass G **effektiv** oder **treu** auf X operiert, falls gilt: Ist $\Phi_g = \mathrm{id}_X$, so ist $g = e$.

Oft schreiben wir gx statt $\Phi(g, x)$ oder $\Phi_g(x)$. Ein Punkt $x \in X$ mit $gx = x$ heißt **Fixpunkt** von g. Man sagt, dass G **frei** operiert, falls nur das neutrale Element $e \in G$ Fixpunkte in X besitzt.

Die allgemeine lineare Gruppe $\mathrm{GL}_n(\mathbb{C})$ operiert holomorph und treu auf $\mathbb{C}^n$, aber nicht frei.

Sei $\{\mathbf{w}_1, \ldots, \mathbf{w}_{2n}\}$ eine Basis des $\mathbb{C}^n$ über $\mathbb{R}$. Dann ist das diskrete Gitter $\Gamma := \mathbb{Z}\mathbf{w}_1 + \cdots + \mathbb{Z}\mathbf{w}_{2n}$ eine Untergruppe der (additiven) Gruppe $\mathbb{C}^n$, erzeugt von $\mathbf{w}_1, \ldots, \mathbf{w}_{2n}$. Die Gruppe Γ operiert auf $\mathbb{C}^n$ durch $\Phi(\mathbf{w}, \mathbf{z}) := \mathbf{z} + \mathbf{w}$. Das ist ein Beispiel einer freien Operation.

Beispiel 2.42 Wir betrachten den Vektorraum $M_{n,n}(\mathbb{C}) = T_E(\mathrm{GL}_n(\mathbb{C}))$ und bezeichnen die Koordinatenfunktionen mit z_{ij}.

Ist $A = (a_{ij} \mid i, j = 1, \ldots, n) \in M_{n,n}(\mathbb{C})$, so folgt aus dem Laplace'schen Entwicklungssatz, dass $\det(A) = \sum_{i,j} a_{ij} A^{ij}$ ist, wobei der **Kofaktor** A^{ij} bis aufs Vorzeichen die Determinante jener Matrix ist, die entsteht, wenn man in A die i-te Zeile und die j-te Spalte streicht. Er ist also unabhängig von dem Matrixelement a_{ij}. Liegt A in $\mathrm{GL}_n(\mathbb{C})$, so gilt außerdem die Formel

$$A^{-1} = \frac{1}{\det(A)} \cdot \mathrm{adj}(A). \qquad (2.23)$$

Dabei ist die **Adjunkte** $\mathrm{adj}(A)$ die Transponierte der Matrix, die aus allen Kofaktoren von A besteht. Damit kann man die Tangentialabbildung von $\det : \mathrm{GL}_n(\mathbb{C}) \to \mathbb{C}^*$ berechnen. Und zwar ist

$$(\det_*)_X(B) = \sum_{i,j} \frac{\partial \det}{\partial x_{ij}}(X) B_{ij} = \sum_{i,j} X^{ij} B_{ij}$$

$$= \sum_{i,j} \mathrm{adj}(X)_{ji} B_{ij} = \det(X) \sum_{i,j} (X^{-1})_{ji} B_{ij} \qquad (2.24)$$

$$= \det(X) \sum_{j} (X^{-1}B)_{jj} = \det(X)\mathrm{Spur}(X^{-1}B).$$

Insbesondere ist $(\det_*)_X(X) = \det(X)\mathrm{Spur}(E) = n \det(X) \neq 0$. Das bedeutet, dass $\det : \mathrm{GL}_n(\mathbb{C}) \to \mathbb{C}^*$ eine Submersion ist. Alle Fasern $\det^{-1}(c)$ (für $c \in \mathbb{C}^*$) sind somit Untermannigfaltigkeiten, und damit ist die **spezielle lineare Gruppe** $\mathrm{SL}_n(\mathbb{C}) = \{X \in \mathrm{GL}_n(\mathbb{C}) : \det(X) = 1\}$ eine komplexe Liegruppe.

Als nächstes wollen wir sogenannte „Quotientenmannigfaltigkeiten" einführen. Das beginnt zunächst mit etwas Topologie. Sei X eine n-dimensionale komplexe Mannigfaltigkeit und $\sim$ eine Äquivalenzrelation auf X. Sind $x, y \in X$ äquivalent, so schreiben wir $x \sim y$ oder $R(x, y)$. Für $x \in X$ sei

$$X(x) := \{y \in X : y \sim x\} = \{y \in X : R(y, x)\} \tag{2.25}$$

die Äquivalenzklasse von x in X. Diese Klassen ergeben eine Zerlegung von X in paarweise disjunkte Mengen. Die Menge X/R aller Äquivalenzklassen nennt man den **topologischen Quotienten** von X **modulo** R. Ist $\pi : X \to X/R$ die kanonische Projektion mit $\pi(x) := X(x)$, so wird X/R mit der feinsten Topologie versehen, für die π stetig ist. Das bedeutet, dass $U \subset X/R$ genau dann offen ist, wenn $\pi^{-1}(U) \subset X$ offen ist. Diese Topologie nennt man naturgemäß die **Quotiententopologie**. Eine Menge $A \subset X$ heißt **saturiert** bezüglich R, falls $\pi^{-1}(\pi(A)) = A$ ist.

Proposition 2.43 *Unter den obigen Bedingungen gilt:*

1. *A ist saturiert* $\Longleftrightarrow$ *A ist Vereinigung von Äquivalenzklassen.*
2. *Ist $U \subset X/R$ offen, so ist $\pi^{-1}(U)$ offen und saturiert.*
3. *Ist $W \subset X$ offen und saturiert, so ist $\pi(W) \subset X/R$ offen.*

Der Beweis ist trivial.

Proposition 2.44 *Sei Z ein beliebiger topologischer Raum. Eine Abbildung $f :$ $X/R \to Z$ ist genau dann stetig, wenn $f \circ \pi : X \to Z$ stetig ist.*

Auch hier ist der Beweis trivial, denn es ist $(f \circ \pi)^{-1}(U) = \pi^{-1}(f^{-1}(U))$. Ist X eine n-dimensionale komplexe Mannigfaltigkeit und R eine Äquivalenzrelation auf X, so stellt sich die Frage, ob X/R die Struktur einer komplexen Mannigfaltigkeit trägt, so dass π eine holomorphe Abbildung ist. Nehmen wir zunächst an, dass eine solche Struktur existiert. Dann müsste X/R ein Hausdorffraum sein. Wäre nun $\varphi : U \to \mathbb{C}^k$ eine komplexe Karte für X/R, so wäre $\hat{U} := \pi^{-1}(U)$ eine offene saturierte Menge in X, und $\mathbf{f} := \varphi \circ \pi : \hat{U} \to \mathbb{C}^k$ eine holomorphe Abbildung mit $\mathbf{f}^{-1}(\mathbf{f}(x)) = \pi^{-1}(\pi(x)) = X(x)$. Also müssten die Fasern von $\mathbf{f}$ Äquivalenzklassen und die Äquivalenzklassen demnach analytische Mengen sein. Wäre außerdem π eine Submersion, so wäre $\mathrm{rg}_x(\mathbf{f}) = k$ für jedes $x \in \hat{U}$, und die Fasern wären $(n-k)$-dimensionale Mannigfaltigkeiten. Wir zeigen nun, dass diese Bedingungen auch hinreichend für die Existenz einer komplexen Struktur ist.

Sei nun umgekehrt X eine n-dimensionale komplexe Mannigfaltigkeit und $(Z_\iota)_{\iota \in I}$ eine Familie von (disjunkten) d-dimensionalen analytischen Teilmengen von X, deren Vereinigung ganz X ergibt. Für $x \in X$ sei $\iota(x) \in I$ der eindeutig bestimmte Index mit $x \in Z_{\iota(x)}$. Dann gibt es eine Äquivalenzrelation R auf X, so dass die Äquivalenzklasse von x immer genau die analytische Menge $Z_{\iota(x)}$ ist, und wir bezeichnen die folgenden Bedingungen mit Q(X,R):

1. X/R ist ein Hausdorffraum.
2. Zu jedem $x_0 \in X$ existiert eine saturierte, offene Umgebung $\hat{U}$ von $X(x_0)$ in X und eine holomorphe Abbildung $\mathbf{f} : \hat{U} \to \mathbb{C}^{n-d}$, so dass gilt:
   a. $\mathbf{f}^{-1}(\mathbf{f}(x)) = X(x)$ für alle $x \in \hat{U}$.
   b. $\mathrm{rg}_x(\mathbf{f}) = n - d$ für $x \in \hat{U}$.

Theorem 2.45 *Unter der Bedingung* Q(X,R) *trägt* X/R *eine eindeutig bestimmte Struktur einer* $(n-d)$-*dimensionalen komplexen Mannigfaltigkeit, so dass die kanonische Projektion* $\pi : X \to X/R$ *eine holomorphe Submersion ist.*

Beweis Sei $x_0 \in X$ gegeben. Dann gibt es eine offene Umgebung $\hat{U}$ der Faser $X(x_0)$ in X mit $\pi^{-1}(\pi(\hat{U})) = \hat{U}$, und eine holomorphe Submersion $\mathbf{f} : \hat{U} \to \mathbb{C}^{n-d}$, deren Fasern Äquivalenzklassen sind.

Ist $\mathbf{z}_0 := \mathbf{f}(x_0)$, so gibt es eine offene Umgebung $W = W(\mathbf{z}_0) \subset \mathbb{C}^{n-d}$ und einen holomorphen Schnitt $s : W \to \hat{U}$ (mit $s(\mathbf{z}_0) = x_0$ und $\mathbf{f} \circ s = \mathrm{id}_W$). Für $\mathbf{z} \in W$ ist $\mathbf{f}^{-1}(\mathbf{z}) = X(s(\mathbf{z})) = \pi^{-1}(\pi \circ s(\mathbf{z}))$, und deshalb gilt:

$$\pi^{-1}(\pi(s(W))) = \bigcup_{\mathbf{z} \in W} X(s(\mathbf{z})) = \bigcup_{\mathbf{z} \in W} \mathbf{f}^{-1}(\mathbf{z}) = \mathbf{f}^{-1}(W). \tag{2.26}$$

Das ist eine offene Menge, und deshalb ist auch $\pi(s(W)) \subset X/R$ offen. Wir definieren eine komplexe Karte $\varphi : \pi(s(W)) \to \mathbb{C}^{n-d}$ durch $\varphi(\pi(s(\mathbf{z}))) := \mathbf{z}$, also $\varphi(\pi(x)) = \mathbf{f}(x)$. Ist $\pi(x) = \pi(x')$, so ist $x' \in \pi^{-1}(\pi(x)) = \mathbf{f}^{-1}(\mathbf{f}(x))$, also $\mathbf{f}(x') = \mathbf{f}(x)$. Das zeigt, dass φ wohldefiniert ist, und wegen der Gleichung $\Phi \circ \pi = \mathbf{f}$ ist φ auch stetig. Außerdem ist φ bijektiv, mit $\varphi^{-1}(\mathbf{z}) = \pi \circ s(\mathbf{z})$, und deshalb ein Homöomorphismus.

Nun sei ψ eine andere Karte, gegeben durch $\psi(\pi(t(\mathbf{z}))) := \mathbf{z}$, wobei t ein lokaler Schnitt für eine geeignete Submersion $\mathbf{g}$ ist. Dann ist

$$\varphi \circ \psi^{-1}(\mathbf{z}) = \varphi(\pi(t(\mathbf{z}))) = \mathbf{f}(t(\mathbf{z})). \tag{2.27}$$

Die Koordinatentransformationen sind also holomorph. □

Wir betrachten nun die Situation, dass eine komplexe Liegruppe G holomorph auf einer n-dimensionalen komplexen Mannigfaltigkeit X operiert. Dann erhält man eine Äquivalenzrelation R auf X durch

$$R(x, y) : \iff \exists g \in G \text{ mit } y = gx. \tag{2.28}$$

Die Äquivalenzklasse $X(x) = \{y \in X : \exists g \in G \text{ mit } y = gx\}$ nennt man den **Orbit** von x unter der Gruppenoperation. Man bezeichnet ihn auch mit Gx. Der topologische Quotient X/R wird **Orbitraum** genannt und auch mit X/G bezeichnet.

Wir beginnen mit einem sehr speziellen Fall.

Definition 2.46 Die Gruppe G operiert **eigentlich diskontinuierlich,** falls es zu je zwei Punkten $x, y \in X$ stets offene Umgebungen $U = U(x)$ und $V = V(y)$ gibt, so dass $\{g \in G : gU \cap V \neq \emptyset\}$ leer oder eine endliche Menge ist.

Hier sind die Orbits Gx diskrete Teilmengen von X und deshalb 0-dimensionale analytische Mengen. Falls die Operation frei ist, kann man zeigen, dass es zu Punkten $x_0 \neq y_0$ in X jeweils Umgebungen U und V gibt, so dass $gU \cap V \neq \emptyset$ für höchstens ein $g \in G$ ist. Auf die technischen Einzelheiten soll hier nicht näher eingegangen werden, denn die Theorie der eigentlich diskontinuierlichen Gruppenoperationen beschränkt sich nicht auf komplex-analytische Situationen.

Definition 2.47 Sei X eine komplexe Mannigfaltigkeit. Eine **holomorphe Überlagerung** über X besteht aus einer zusammenhängenden komplexen Mannigfaltigkeit M und einer surjektiven, holomorphen Abbildung $p : M \to X$, so dass gilt: Zu jedem $x \in X$ gibt es eine offene Umgebung $U = U(x) \subset X$, so dass $p^{-1}(U)$ die disjunkte Vereinigung von offenen Teilmengen $U_i \subset M$ und $p|_{U_i} : U_i \to U$ jeweils biholomorph ist.

Mit M ist auch X zusammenhängend.

Theorem 2.48 *G operiere frei und eigentlich diskontinuierlich auf X. Dann besitzt X/G eine eindeutig bestimmte Struktur einer komplexen Mannigfaltigkeit, so dass $\pi : X \to X/G$ eine holomorphe Überlagerung ist.*

Zum *Beweis:* Aus der Tatsache, dass G frei und eigentlich diskontinuierlich operiert, folgt relativ schnell, dass X/G ein Hausdorffraum ist und dass es zu jedem

Punkt $x_0 \in X$ eine offene Umgebung $U = U(x_0)$gibt, so dass $\pi : U \to \pi(U)$ bijektiv (und sogar ein Homöomorphismus) ist. Auf die weiteren Beweisdetails verzichten wir hier weitgehend. Wenn es eine komplexe Karte φ für X auf U gibt, dann definiere man $\mathbf{f} : \pi^{-1}(\pi(U)) \to \mathbb{C}^n$ durch $\mathbf{f}(gx) := \varphi(x)$ und verifiziere die Bedingung Q(X,R). Ist U klein genug, so ist $\pi^{-1}(\pi(U)) = \bigcup_{g \in G} gU$, mit paarweise disjunkten Mengen gU, die homöomorph zu $\pi(U)$ sind. Also ist π eine holomorphe Überlagerung. $\square$

Sei $\{\omega_1, \ldots, \omega_{2n}\}$ eine reelle Basis von $\mathbb{C}^n$. Dann operiert das Gitter $\Gamma :=$ $\mathbb{Z}\omega_1 + \cdots + \mathbb{Z}\omega_{2n}$ frei auf $\mathbb{C}^n$ durch Translationen. Die Menge

$$A_{\mathbf{w}} := \Gamma + \mathbf{w} = \{\omega + \mathbf{w} : \omega \in \Gamma\} \tag{2.29}$$

ist der Orbit von $\mathbf{w}$. Die Gruppe Γ operiert außerdem eigentlich diskontinuierlich auf $\mathbb{C}^n$: Sind etwa $\mathbf{z}_0, \mathbf{w}_0 \in \mathbb{C}^n$ gegeben und $\mathbf{w}_0 = \omega_0 + \mathbf{z}_0$ für ein $\omega_0 \in \Gamma$, so wähle man

$$\varepsilon < \frac{1}{2} \cdot \inf\{\|\omega\| : \omega \in \Gamma \setminus \{0\}\}. \tag{2.30}$$

Dann ist $(\omega + B_\varepsilon(\mathbf{z}_0)) \cap B_\varepsilon(\mathbf{w}_0) = \emptyset$ für alle $\omega \neq \omega_0$. Ist $\mathbf{w}_0 - \mathbf{z}_0 \notin \Gamma$ und $\varepsilon < \operatorname{dist}(\mathbf{w}_0, \Gamma + \mathbf{z}_0)/2$, so ist $(\omega + B_\varepsilon(\mathbf{z}_0)) \cap B_\varepsilon(\mathbf{w}_0) = \emptyset$ für jedes ω.

Definition 2.49 Die n-dimensionale komplexe Mannigfaltigkeit $T^n = T_\Gamma^n := \mathbb{C}^n/\Gamma$ nennt man einen **komplexen Torus,** und Γ das **Gitter** des Torus.

Die Menge $P := \{\mathbf{z} = t_1\omega_1 + \cdots + t_{2n}\omega_{2n} : 0 \le t_i \le 1\}$ enthält ein vollständiges System von Repräsentanten für Äquivalenzklassen. Deshalb ist $T^n = \pi(P)$ eine kompakte Mannigfaltigkeit. Die Abbildung

$$t_1\omega_1 + \cdots + t_{2n}\omega_{2n} \mapsto (e^{2\pi i t_1}, \ldots, e^{2\pi i t_{2n}}) \tag{2.31}$$

induziert einen Homöomorphismus $T^n \to \underbrace{S^1 \times \cdots \times S^1}_{2n \text{ mal}}$.

Weil der Torus kompakt ist, gibt es auf ihm keine global definierten holomorphen Funktionen.

Das extreme Gegenteil zu den kompakten Mannigfaltigkeiten sind die nach K. Stein benannten Mannigfaltigkeiten, die besonders viele holomorphe Funktionen besitzen:

Definition 2.50 Eine komplexe Mannigfaltigkeit X heißt **Steinsch.** falls sie folgende Eigenschaften besitzt:

1. X ist ***holomorph ausbreitbar***. Das bedeutet, dass es zu jedem $x_0 \in X$ holomorphe Funktionen $f_1, \ldots, f_k \in \mathcal{O}(X)$ gibt, so dass x_0 in $\{x \in X : f_1(x) = \cdots = f_k(x) = 0\}$ isoliert ist.

2. X ist ***holomorph konvex***. Das bedeutet, dass es zu jeder diskreten, unendlichen Folge (x_i) in X eine holomorphe Funktion $f \in \mathcal{O}(X)$ gibt, so dass $\{|f(x_i)| : i \in \mathbb{N}\}$ unbeschränkt ist.

Beispiel 2.51 Der $\mathbb{C}^n$ ist holomorph ausbreitbar, denn $\mathbf{z}_0 = (z_1^{(0)}, \ldots, z_n^{(0)})$ liegt isoliert in $\{\mathbf{z} = (z_1, \ldots, z_n) : z_1 - z_1^{(0)} = \cdots = z_n - z_n^{(0)} = 0\}$. Der $\mathbb{C}^n$ ist aber auch holomorph konvex. Ist $(\mathbf{z}_n)$ eine diskrete Folge im $\mathbb{C}^n$, so besitzt diese Folge keinen Häufungspunkt. Dann muss es aber ein $q \in \{1, \ldots, n\}$ und eine Teilfolge $(\mathbf{z}_{n_i})$, so dass $(z_{n_i}^{(q)})$ keinen Häufungspunkt besitzt und $|z_{n_i}^{(q)}|$ streng monoton wächst. Dann setze man $f(z_1, \ldots, z_n) := z_q$. Diese Funktion ist auf dem $\mathbb{C}^n$ holomorph und auf der Folge $(\mathbf{z}_n)$ unbeschränkt. Damit ist der $\mathbb{C}^n$ eine Steinsche Mannigfaltigkeit, und das gilt auch für jede abgeschlossene Untermannigfaltigkeit von $\mathbb{C}^n$.

Man kann übrigens auch zeigen, dass das kartesische Produkt $G = G_1 \times \ldots \times G_n$ von n Gebieten $G_i \subset \mathbb{C}$ Steinsch ist. Und allgemein sind abgeschlossene Untermannigfaltigkeiten von Steinschen Mannigfaltigkeiten wieder Steinsch.

Proposition 2.52 *Sei X eine Steinsche Mannigfaltigkeit und $f \in \mathcal{O}(X)$. Dann ist auch die **Restmenge** $R := X \setminus N(f)$ Steinsch.*

Beweis Dass R holomorph ausbreitbar ist, ist klar. Ist nun (x_n) eine diskrete Folge in R, so ist sie entweder diskret in X (und daher nichts zu zeigen), oder sie besitzt eine Häufungspunkt $x_0 \in N(f)$. Dann ist $x \mapsto 1/f(x)$ holomorph auf R und unbeschränkt auf (x_n). □

Beispiel 2.53 Weil $M_{n,n}(\mathbb{C}) \cong \mathbb{C}^{n^2}$ ist, ist $\mathrm{GL}_n(\mathbb{C}) = M_{n,n}(\mathbb{C}) \setminus N(\det)$ Steinsch, und dann ist auch die spezielle lineare Gruppe $\mathrm{SL}_n(\mathbb{C})$ Steinsch.

2.5 Projektiv-algebraische Mannigfaltigkeiten

In $X := \mathbb{C}^{n+1} \setminus \{\mathbf{0}\}$ betrachten wir die Äquivalenzrelation

$$R(\mathbf{z}, \mathbf{w}) : \iff \exists \lambda \in \mathbb{C}^* \text{ mit } \mathbf{w} = \lambda \mathbf{z}. \tag{2.32}$$

Die Äquivalenzklasse von $\mathbf{z}$ ist die in $\mathbf{0}$ gelochte komplexe Gerade $L_{\mathbf{z}} = \mathbb{C}\mathbf{z} \setminus \{\mathbf{0}\}$ durch $\mathbf{z}$ und $\mathbf{0}$. Das ergibt eine Zerlegung von X in 1-dimensionale analytische

Mengen. Wir können diese Mengen auch als Orbits der kanonischen Operation von $\mathbb{C}^*$ auf X durch Skalarmultiplikation auffassen.

Definition 2.54 Den topologischen Quotienten

$$\mathbb{P}^n := X/R = \left(\mathbb{C}^{n+1} \setminus \{0\}\right)/\mathbb{C}^* \tag{2.33}$$

nennt man den n-dimensionalen **komplex-projektiven Raum**.

Sei $\pi : X = \mathbb{C}^{n+1} \setminus \{0\} \to \mathbb{P}^n$ die kanonische Projektion, mit $\pi(\mathbf{z}) := L_{\mathbf{z}}$. Sind zwei Punkte $\mathbf{z} = (z_0, \ldots, z_n)$, $\mathbf{w} = (w_0, \ldots, w_n)$ gegeben, so gilt:

$$\pi(\mathbf{z}) = \pi(\mathbf{w}) \iff \exists \lambda \in \mathbb{C}^* \text{ mit } w_i = \lambda z_i \text{ für } i = 0, \ldots, n$$

$$\iff \frac{w_i}{w_j} = \frac{z_i}{z_j} \text{ für alle } i, j \text{ mit } w_j z_j \neq 0.$$

Also bestimmt $\pi(\mathbf{z})$ zwar nicht die Einträge z_j, aber die Verhältnisse $z_i : z_j$. Deshalb bezeichnet man den Punkt $x = \pi(z_0, \ldots, z_n)$ auch mit $(z_0 : \ldots : z_n)$ und nennt $z_0, \ldots, z_n$ **homogene Koordinaten** von x. Mit $z_0, \ldots, z_n$ sind stets auch $\lambda z_0, \ldots, \lambda z_n$ (für beliebiges $\lambda \in \mathbb{C}^*$) homogene Koordinaten des gleichen Punktes $x \in \mathbb{P}^n$.

Ist $W \subset X$ eine offene Menge, so ist $\pi^{-1}(\pi(W)) = \bigcup_{\lambda \in \mathbb{C}^*} \lambda \cdot W$ eine saturierte offene Menge in X und $\pi(W)$ offen in $\mathbb{P}^n$. Das gilt auch für

$$\hat{U}_i := \{\mathbf{z} = (z_0, \ldots, z_n) \in \mathbb{C}^{n+1} \setminus \{0\} : z_i \neq 0\} \subset X, \quad i = 0, \ldots, n. \tag{2.34}$$

Die Mengen $U_i := \pi(\hat{U}_i)$ bilden eine offene Überdeckung von $\mathbb{P}^n$.

Proposition 2.55 *Der $\mathbb{P}^n$ ist eine n-dimensionale komplexe Mannigfaltigkeit, und $\pi : \mathbb{C}^{n+1} \setminus \{0\} \to \mathbb{P}^n$ ist eine holomorphe Submersion.*

Beweis Wir zeigen zunächst, dass $\mathbb{P}^n$ ein Hausdorffraum ist: Es seien $\mathbf{z}, \mathbf{w} \in X$ gegeben, mit $L_{\mathbf{z}} \neq L_{\mathbf{w}}$. Dann gilt: $\mathbf{z}^* := \mathbf{z}/\|\mathbf{z}\|$ und $\mathbf{w}^* := \mathbf{w}/\|\mathbf{w}\|$ sind zwei verschiedene Punkte von $S^{2n+1} = \{\mathbf{x} \in \mathbb{R}^{2n+2} = \mathbb{C}^{n+1} : \|\mathbf{x}\| = 1\}$. Deshalb kann man ein $\varepsilon > 0$ finden, so dass $B_\varepsilon(\mathbf{z}^*) \cap B_\varepsilon(\mathbf{w}^*) = \emptyset$ ist. Aber dann sind $U := \pi(B_\varepsilon(\mathbf{z}^*))$ and $V := \pi(B_\varepsilon(\mathbf{w}^*))$ disjunkte, offene Umgebungen von $\pi(\mathbf{z})$ bzw. $\pi(\mathbf{w})$.

Sei nun ein Punkt $\mathbf{z}_0 = \left(z_0^{(0)}, \ldots, z_n^{(0)}\right) \in X$ gegeben. Dann gibt es einen Index i mit $z_i^{(0)} \neq 0$, und $\mathbf{z}_0$ liegt in $\hat{U}_i$. Wir definieren $\mathbf{f}_i : \hat{U}_i \to \mathbb{C}^n$ durch

$$\mathbf{f}_i(z_0, \ldots, z_n) := \left(\frac{z_0}{z_i}, \ldots, \frac{z_{i-1}}{z_i}, \frac{z_{i+1}}{z_i}, \ldots, \frac{z_n}{z_i}\right). \tag{2.35}$$

Dann ist

$$\begin{aligned}
\mathbf{f}_i^{-1}(\mathbf{f}_i(\mathbf{z})) &= \left\{\mathbf{w} \in \hat{U}_i \;:\; \frac{w_j}{w_i} = \frac{z_j}{z_i} \text{ für } j \neq i\right\} \\
&= \left\{\mathbf{w} \in \hat{U}_i \;:\; \mathbf{w} = \frac{w_i}{z_i} \cdot \mathbf{z}\right\} = \pi^{-1}(\pi(\mathbf{z})).
\end{aligned} \tag{2.36}$$

Ist ein Punkt $\mathbf{u} = (u_0, \ldots, u_n) \in \hat{U}_i$ gegeben, so definieren wir einen holomorphen Schnitt $s : \mathbb{C}^n \to \hat{U}_i$ durch

$$s(z_1, \ldots, z_n) := (u_i z_1, \ldots, u_i z_i, u_i, u_i z_{i+1}, \ldots, u_i z_n). \tag{2.37}$$

Dann ist $\mathbf{f}_i \circ s(z_1, \ldots, z_n) = (z_1, \ldots, z_n)$. Also ist $\mathbf{f}_i$ eine Submersion und $\mathrm{rg}_{\mathbf{z}}(\mathbf{f}_i) = n$ für jedes $\mathbf{z}$. Da jede Äquivalenzklasse $L_{\mathbf{z}}$ einen Repräsentanten in der Sphäre S^{2n+1} besitzt, ist $\mathbb{P}^n = \pi(S^{2n+1})$ kompakt. $\qquad\square$

Lokale Koordinaten werden durch die Abbildungen $\varphi_i : U_i \to \mathbb{C}^n$ mit $\varphi_i \circ \pi = \mathbf{f}_i$ gegeben. Das[2] bedeutet:

$$\varphi_i(z_0 : \ldots : z_n) = \left(\frac{z_0}{z_i}, \ldots, \frac{\widehat{z_i}}{z_i}, \ldots, \frac{z_n}{z_i}\right). \tag{2.38}$$

Die Menge

$$\begin{aligned}
U_0 &= \{(z_0 : \ldots : z_n) \in \mathbb{P}^n \;:\; z_0 \neq 0\} \\
&= \{(1 : t_1 : \ldots : t_n) \;:\; (t_1, \ldots, t_n) \in \mathbb{C}^n\}
\end{aligned} \tag{2.39}$$

ist biholomorph äquivalent zum $\mathbb{C}^n$. Wir nennen sie einen **affinen Teil** von $\mathbb{P}^n$. Wenn wir U_0 aus $\mathbb{P}^n$ entfernen, dann erhalten wir eine sogenannte **unendlich ferne (projektive) Hyperebene**

$$\begin{aligned}
H_0 &= \{(z_0 : \ldots : z_n) \in \mathbb{P}^n \;:\; z_0 = 0\} \\
&= \{(0 : t_1 : \ldots : t_n) \;:\; (t_1, \ldots, t_n) \in \mathbb{C}^n \setminus \{\mathbf{0}\}\}.
\end{aligned} \tag{2.40}$$

Sie hat die Struktur eines $(n - 1)$-dimensionalen komplex-projektiven Raumes. Wenn wir diesen Prozess fortführen, erhalten wir:

---

[2] Das Dach in der Formel signalisiert, dass der i-te Term ausgelassen werden soll.

$$\mathbb{P}^n = \mathbb{C}^n \cup \mathbb{P}^{n-1},$$
$$\mathbb{P}^{n-1} = \mathbb{C}^{n-1} \cup \mathbb{P}^{n-2},$$
$$\vdots \qquad\qquad\qquad (2.41)$$
$$\mathbb{P}^2 = \mathbb{C}^2 \cup \mathbb{P}^1.$$

Es bleibt also nur das Studium von $\mathbb{P}^1 = \{(z_0 : z_1) : (z_0, z_1) \in \mathbb{C}^2 \setminus \{0\}\}$. Aber das ist die Vereinigung von $\mathbb{C} = \{(1 : t) : t \in \mathbb{C}\}$ mit dem „unendlich fernen" Punkt $\infty := (0 : 1)$, mit $t = z_1/z_0$. In einer Umgebung von ∞ haben wir die komplexe Koordinate $z_0/z_1 = 1/t$. Also ist $\mathbb{P}^1 = \overline{\mathbb{C}} = \mathbb{C} \cup \{\infty\}$ die wohlbekannte *Riemannsche Zahlenkugel*.

Die Hyperebene H_0 ist eine reguläre analytische Hyperfläche, gegeben durch

$$H_0 \cap U_i = \left\{ (z_0 : \ldots : z_n) \in U_i : \frac{z_0}{z_i} = 0 \right\}. \qquad (2.42)$$

Deshalb ist U_0 dicht in $\mathbb{P}^n$.

Anmerkung 2.56 Die ganzen obigen Betrachtungen können statt mit U_0 und H_0 genauso gut mit dem affinen Teil U_i und der Hyperebene $H_i := \{\pi(\mathbf{z}) \in \mathbb{P}^n : z_i = 0\}$ angestellt werden.

Wir betrachten holomorphe Funktionen auf einer n-dimensionalen komplexen Mannigfaltigkeit, die außerhalb einer analytischen Hyperfläche definiert sind. Im 1-dimensionalen Fall sind das holomorphe Funktionen mit isolierten Singularitäten.

Definition 2.57 Sei $A \subset X$ eine analytische Hyperfläche. Eine komplexwertige Funktion m auf $X \setminus A$ heißt eine *meromorphe Funktion* auf X, falls es zu jedem Punkt $x \in X$ eine offene Umgebung $U = U(x) \subset X$ und holomorphe Funktionen g, h auf U gibt, so dass $N(h) \subset A \cap U$ und $m = g/h$ auf $U \setminus A$ ist.

Offensichtlich ist m auf $X \setminus A$ holomorph. Insbesondere ist jede holomorphe Funktion f auf X auch meromorph auf X.

Verschiedene meromorphe Funktionen können natürlich außerhalb verschiedener analytischer Hyperflächen gegeben sein. Sind $m_\lambda : X \setminus A_\lambda \to \mathbb{C}$ meromorphe Funktionen auf X, so sind $m_1 \pm m_2$ und $m_1 \cdot m_2$ meromorphe Funktions auf X, gegeben als holomorphe Funktionen auf $X \setminus (A_1 \cup A_2)$.

Ist $m : X \setminus A \to \mathbb{C}$ eine meromorphe Funktion, dann gibt es für $p \in A$ zwei Möglichkeiten:

(a) Es gibt eine Umgebung $U = U(p) \subset X$, so dass m auf $U \setminus A$ beschränkt ist. Dann gibt es eine holomorphe Funktion $\hat{m}$ auf U mit $\hat{m}|_{U \setminus A} = m|_{U \setminus A}$, und p wird eine **hebbare Singularität** von m genannt.

(b) Zu jeder Umgebung $V = V(p) \subset X$ und jedem $n \in \mathbb{N}$ gibt es einen Punkt $x \in V \setminus A$ mit $|m(x)| > n$. Ist $m = g/h$ nahe p, so muss h in p verschwinden, weil wir sonst wieder in der Situation (a) wären. Nun gibt es erneut zwei Möglichkeiten:

  (i) Wenn $g(p) \neq 0$ ist, dann ist $\lim_{x \to p} |m(x)| = +\infty$, und es liegt ein **Pol** in p vor.

  (ii) Die andere Möglichkeit wäre nun, dass $g(p) = 0$ ist. Das kann im Fall $n = 1$ nicht vorkommen, da man dann einen gemeinsamen Faktor aus den Potenzreihenentwicklungen von g und h in p herauskürzen könnte. Im Falle $n > 1$ kann das Verhalten von m aber extrem irregulär werden, weil der Grenzwert $\lim_{x \to p} m(x)$ nicht existiert. Dann nennen wir p eine **Unbestimmtheitsstelle**.

Im Fall $n = 1$ ist eine meromorphe Funktion eine Funktion, die außerhalb einer diskreten Menge von Polstellen holomorph ist. Im Fall $n > 1$ definieren wir die **Polstellenmenge**

$$P(m) := \{p \in X \ : \ m \text{ ist in jeder Umgebung von } p \text{ unbeschränkt}\}. \qquad (2.43)$$

Die Polstellenmenge besteht aus Polen und Unbestimmtheitsstellen. Man kann zeigen, dass $P(m)$ eine analytische Hyperfläche ist.

Theorem 2.58 (Identitätssatz für meromorphe Funktionen) Sei X zusammenhängend, $m : X \setminus A \to \mathbb{C}$ eine meromorphe Funktion und $U \subset X$ eine nicht leere, offene Menge, so dass $m|_{U \setminus A} = 0$ ist. Dann ist $P(m) = \emptyset$ und $m = 0$.

Beweis Die Menge $X \setminus P(m)$ ist zusammenhängend, m ist dort holomorph, und $U \setminus (A \cup P(m))$ ist eine nicht leere, offene Teilmenge von $X \setminus P(m)$. Nach dem Identitätssatz für holomorphe Funktionen folgt, dass $m = 0$ auf $X \setminus P(m)$ ist. Aber dann ist m global beschränkt und $P(m) = \emptyset$. $\qquad \square$

Die Menge $\mathcal{M}(X)$ von meromorphen Funktionen auf X hat die Struktur eines Ringes mit der Funktion $m = 0$ als Nullelement. Wir setzen

$$\mathscr{M}(X)^* := \mathscr{M}(X) \setminus \{0\}$$
$$= \{m \in \mathscr{M}(X) : m \text{ verschwindet nirgends identisch}\}.$$

Wenn $m \in \mathscr{M}(X)^*$ eine lokale Darstellung $m = g/h$ besitzt, dann ist die Nullstellenmenge $N(g)$ unabhängig von dieser Darstellung. Deshalb kann man die globale Nullstellenmenge $N(m)$ definieren, die eine analytische Hyperfläche in X ist. Außerhalb von $P(m) \cup N(m)$ ist m holomorph und nullstellenfrei. Deshalb ist $1/m$ dort auch holomorph und hat lokale Darstellungen $1/m = h/g$. Also ist $1/m$ auch meromorph, und $\mathscr{M}(X)$ ist daher ein Körper. Dafür ist entscheidend, dass X zusammenhängend ist!

Auf einer kompakten komplexen Mannigfaltigkeit ist jede globale holomorphe Funktion konstant. Aber wir wissen schon, dass es zum Beispiel auf der Riemannschen Zahlenkugel nichtkonstante meromorphe Funktionen gibt. Diesbezüglich wollen wir nun die oben definierten kompakten Mannigfaltigkeiten untersuchen, beginnend mit dem komplex projektiven Raum $\mathbb{P}^n$.

Ein nicht konstantes Polynom $p(\mathbf{t}) = \sum_{|\nu|=0}^{k} a_\nu \mathbf{t}^\nu$ ist eine holomorphe Funktion auf $U_0 = \{(1 : t_1 : \ldots : t_n) \mid \mathbf{t} = (t_1, \ldots, t_n) \in \mathbb{C}^n\}$. Tatsächlich definiert es aber auch eine meromorphe Funktion auf $\mathbb{P}^n$ mit Polstellenmenge H_0. Man sieht das wie folgt:

Die Funktionen $t_\mu = z_\mu/z_0$, $\mu \geq 1$, sind holomorphe Koordinaten auf U_0. Für $i \neq 0$ und $\lambda \neq i$ sind die Funktionen $w_\lambda := z_\lambda/z_i$ Koordinaten auf U_i. Deshalb gilt auf $U_i \setminus H_0 = U_i \cap U_0$:

$$w_0^k \cdot p(t_1, \ldots, t_n) = \left(\frac{z_0}{z_i}\right)^k \cdot \sum_{|\nu|=0}^{k} a_\nu \left(\frac{z_1}{z_0}\right)^{\nu_1} \cdots \left(\frac{z_n}{z_0}\right)^{\nu_n}$$

$$= \sum_{|\nu|=0}^{k} a_\nu w_0^{k-|\nu|} w_1^{\nu_1} \cdots w_n^{\nu_n}; \tag{2.44}$$

d. h., es ist $p = g/h$ auf $U_i \setminus H_0$, wobei $g(\mathbf{w}) := \sum_{|\nu|=0}^{k} a_\nu w_0^{k-|\nu|} w_1^{\nu_1} \cdots w_n^{\nu_n}$ und $h(\mathbf{w}) := w_0^k$ holomorphe Funktionen auf U_i mit $N(h) = \{\mathbf{w} \in U_i : w_0 = 0\} = U_i \cap H_0$ sind. Also gibt es zahlreiche globale meromorphe Funktionen auf dem projektiven Raum.

Nun sei $T = \mathbb{C}^n/\Gamma$ ein n-dimensionaler komplexer Torus und $\pi : \mathbb{C}^n \to T$ die kanonische Überlagerungsabbildung. Ist m eine meromorphe Funktion auf T, so ist $m \circ \pi$ eine meromorphe Funktion auf $\mathbb{C}^n$, die periodisch bezüglich der Erzeugenden $\omega_1, \ldots, \omega_{2n}$ des Gitters Γ ist. Im Falle $n = 1$ existieren solche meromorphen

Funktionen immer; das sind die Γ-elliptischen Funktionen. Man kann zeigen, dass für $n \geq 2$ die Existenz von Γ-periodischen Funktionen vom Gitter Γ abhängt. Tatsächlich gibt es komplexe Tori ohne nichtkonstante meromorphe Funktionen.

Definition 2.59 Sei X eine n-dimensionale komplexe Mannigfaltigkeit. Eine holomorphe Abbildung $f : Y \to X$ nennt man eine **Einbettung**, wenn es eine Untermannigfaltigkeit $Z \subset X$ gibt, so dass f eine biholomorphe Abbildung von Y auf Z ist.

Jede Einbettung ist eine Immersion, aber im allgemeinen ist nicht jede (injektive) Immersion eine Einbettung. Jedoch gilt:

Proposition 2.60 *Sei $f : Y \to X$ eine holomorphe Abbildung zwischen komplexen Mannigfaltigkeiten. Ist Y kompakt und f eine injektive Immersion, so ist f eine Einbettung.*

Der *Beweis* funktioniert genauso wie im Reellen. Deshalb sei an dieser Stelle nur auf die Literatur verwiesen.

Ist $\pi : \mathbb{C}^{n+1} \setminus \{0\} \to \mathbb{P}^n$ die kanonische Projektion und $x \in \mathbb{P}^n$, so definieren wir $\ell(x) := \pi^{-1}(x) \cup \{0\}$. Das ist eine komplexe Gerade durch den Ursprung in $\mathbb{C}^{n+1}$, und es ist $\ell(\pi(\mathbf{z})) = \mathbb{C}\mathbf{z}$ für $\mathbf{z} \in \mathbb{C}^{n+1} \setminus \{0\}$.

Eine Menge $\hat{X} \subset \mathbb{C}^{n+1}$ heißt **konisch** oder ein **Kegel**, falls sie die Vereinigung einer Familie von komplexen Geraden durch den Nullpunkt ist. Das bedeutet:

$$\mathbf{z} \in \hat{X} \implies \lambda\mathbf{z} \in \hat{X} \text{ für } \lambda \in \mathbb{C}. \tag{2.45}$$

Ist X eine beliebige Teilmenge von $\mathbb{P}^n$, so ist

$$\hat{X} := \bigcup_{x \in X} \ell(x) = \pi^{-1}(X) \cup \{0\} \tag{2.46}$$

eine konische Menge.

Lemma 2.61 *Sei $\hat{X} \subset \mathbb{C}^{n+1}$ eine konische Menge, f eine holomorphe Funktion in der Nähe des Nullpunktes und $f = \sum_{\nu=0}^{\infty} p_\nu$ die Entwicklung von f in homogene Polynome. Wenn es ein $\varepsilon > 0$ gibt, so dass $f|_{B_\varepsilon(0) \cap \hat{X}} \equiv 0$ ist, dann ist $p_\nu|_{\hat{X}} = 0$ für jedes ν.*

Beweis Sei $\mathbf{z} \neq 0$ ein beliebiger Punkt von $B_\varepsilon(0) \cap \hat{X}$. Dann gilt:

$$\lambda \mapsto f(\lambda \mathbf{z}) = \sum_{\nu=0}^{\infty} p_\nu(\mathbf{z}) \lambda^\nu \tag{2.47}$$

verschwindet identisch für $|\lambda| < 1$. Also ist $p_\nu(\mathbf{z}) = 0$ für alle ν, und da $\hat{X}$ konisch ist, folgt aus dem 1-dimensionalen Identitätssatz, dass $p_\nu|_{\hat{X}} \equiv 0$ für jedes ν ist. $\square$

Sind jetzt $F_1, \ldots, F_k$ homogene Polynome in den Variablen $z_0, \ldots, z_n$, so ist die analytische Menge

$$\hat{X} := \{ \mathbf{z} \in \mathbb{C}^{n+1} : F_1(\mathbf{z}) = \cdots = F_k(\mathbf{z}) = 0 \} \tag{2.48}$$

offensichtlich ein Kegel. Setzen wir $\hat{X}' := \hat{X} \setminus \{\mathbf{0}\}$, so ist das Bild $X := \pi(\hat{X}') \subset \mathbb{P}^n$ die Menge

$$X = \{ (z_0 : \ldots : z_n) : F_1(z_0, \ldots, z_n) = \cdots = F_k(z_0, \ldots, z_n) = 0 \}. \tag{2.49}$$

In $U_i = \{ (z_0 : \ldots : z_n) : z_i \neq 0 \}$ können wir holomorphe Funktionen $f_{i,\nu}$ definieren durch

$$f_{i,\nu}(z_0 : \ldots : z_n) := F_\nu \left(\frac{z_0}{z_i}, \ldots, \frac{z_n}{z_i} \right). \tag{2.50}$$

Dann ist $X \cap U_i = \{ x \in U_i : f_{i,1}(x) = \cdots = f_{i,k}(x) = 0 \}$ und daher X eine analytische Menge.

Definition 2.62 Eine analytische Menge $X \subset \mathbb{P}^n$, die Nullstellenmenge von endlich vielen homogenen Polynomen ist, nennt man eine *projektiv-algebraische Menge*. Die Teilmengen $X \cap U_i$ nennt man *affin-algebraisch*.

Eine komplexe Mannigfaltigkeit X heißt *projektiv-algebraisch,* falls es ein $N \in \mathbb{N}$ und eine holomorphe Einbettung $j : X \to \mathbb{P}^N$ gibt, so dass $j(X)$ eine reguläre projektiv-algebraische Menge ist.

Theorem 2.63 (Satz von Chow) Jede analytische Menge X im projektiven Raum ist die Nullstellenmenge von endlich vielen homogenen Polynomen $F_1, \ldots, F_s$, so dass gilt: Ist $x \in X$ regulär von Codimension d, so ist $\mathrm{rg}_{\mathbf{z}}(F_1, \ldots, F_s) = d$ für jedes $\mathbf{z} \in \pi^{-1}(x)$.

Der Beweis erfordert tiefere Hilfsmittel, die uns hier nicht zur Verfügung stehen.

Beispiel 2.64 Sei $L \subset \mathbb{C}^{n+1}$ ein komplexer linearer Unterraum der Codimension q. Dann gibt es Linearformen $\varphi_1, \ldots, \varphi_q$ auf $\mathbb{C}^{n+1}$, so dass gilt:

$$L = \{\mathbf{z} \in \mathbb{C}^{n+1} \; : \; \varphi_1(\mathbf{z}) = \cdots = \varphi_q(\mathbf{z}) = 0\}. \tag{2.51}$$

Da die Linearformen homogen Polynome vom Grad 1 sind, ist

$$\mathbb{P}(L) := \{(z_0 : \ldots : z_n) \in \mathbb{P}^n \; : \; \varphi_\mu(z_0, \ldots, z_n) = 0 \text{ für } \mu = 1, \ldots, q\} \tag{2.52}$$

eine reguläre projektiv-algebraische Menge. Wir nennen $\mathbb{P}(L)$ einen *(projektiven) linearen Unterraum.* Er ist isomorph zu $\mathbb{P}^{n-q}$. Das einfachste Beispiel einer analytischen Hyperfläche im $\mathbb{P}^n$ ist die Hyperebene $H_0 = \{z_0 = 0\}$.

Ist $\mathbf{S} \in M_{n+1}(\mathbb{C})$ eine symmetrische Matrix, so ist $q_{\mathbf{S}}(\mathbf{z}) := \mathbf{z} \cdot \mathbf{S} \cdot \mathbf{z}^\top$ ein homogenes Polynom vom Grad 2. Die Hyperfläche

$$Q_{\mathbf{S}} := \{(z_0 : \ldots : z_n) \; : \; q_{\mathbf{S}}(z_0, \ldots, z_n) = 0\} \tag{2.53}$$

nennt man auch eine *Hyperquadrik.* Aus der Klassifizierung von symmetrischen Matrizen folgt leicht, dass $Q_{\mathbf{S}}$ und $Q_{\mathbf{T}}$ genau dann biholomorph äquivalent sind, wenn $\mathrm{rg}(\mathbf{S}) = \mathrm{rg}(\mathbf{T})$ ist. Insbesondere ist jede Quadrik vom Rang $n+1$ biholomorph äquivalent zur *Standardquadrik*

$$Q_{n-1} = \{(z_0 : \ldots : z_n) \; : \; z_0^2 + \cdots + z_n^2 = 0\}. \tag{2.54}$$

Da $Q_{n-1} \cap U_0 = \{(1 : t_1 : \ldots : t_n) \; : \; t_1^2 + \cdots + t_n^2 = -1\}$ ist, hat Q_{n-1} keine Singularität in U_0. Das gleiche funktioniert in jedem U_i, also ist Q_{n-1} eine projektiv-algebraische Mannigfaltigkeit.

Theorem 2.65 *Jede analytische Hyperfläche $Z \subset \mathbb{P}^n$ ist die Nullstellenmenge eines einzigen homogenen Polynoms.*

Auch hier erfordert der Beweis Hilfsmittel, die uns nicht zur Verfügung stehen. Man kann ein Polynom p mit minimalem Grad finden, so dass $Z = \{(z_0 : \ldots : z_n) \in \mathbb{P}^n \; : \; p(z_0, \ldots, z_n) = 0\}$ ist. Dann versteht man unter dem **Grad der Hyperfläche** Z (in Zeichen $\deg(Z)$) den Grad des Polynoms p. Zum Beispiel ist $\deg(H) = 1$ für jede Hyperebene und $\deg(Q) = 2$ für jede Hyperquadrik.

Wir schauen nun auf ein paar Zusammenhänge zur komplex-algebraischen Geometrie.

Eine meromorphe Funktion m auf $\mathbb{P}^n$ heißt *rational,* falls gilt: Entweder ist $m = 0$, oder es gibt homogene Polynome F und G von gleichem Grad mit $F \neq 0$ und

$$m(z_0 : \ldots : z_n) = \frac{F(z_0, \ldots, z_n)}{G(z_0, \ldots, z_n)}. \tag{2.55}$$

Mit Hilfe des Satzes von Chow kann man zeigen:

Theorem 2.66 *Jede meromorphe Funktion auf dem $\mathbb{P}^n$ ist rational.*

Eine *rationale Funktion* auf einer Untermannigfaltigkeit $X \subset \mathbb{P}^n$ ist die Einschränkung $m|_X$ einer rationalen Funktion m auf $\mathbb{P}^n$. Wir haben schon gesehen, dass jedes Polynom p auf $U_0 \cong \mathbb{C}^n$ zu einer rationalen Funktion m auf $\mathbb{P}^n$ fortgesetzt werden kann. Deshalb gibt es auf jeder projektiv-algebraischen Mannigfaltigkeit eine große Anzahl von rationalen Funktionen.

Ist $A \subset \mathbb{P}^n$ eine projektiv-algebraische Menge, so ist die affin-algebraische Menge $A_i := A \cap U_i$ Steinsch, und daher auch jede affin-algebraische Mannigfaltigkeit. Daraus folgt:

Theorem 2.67 *Ist $Z \subset \mathbb{P}^n$ eine Hyperfläche, so ist $X := \mathbb{P}^n \setminus Z$ eine affinalgebraische Mannigfaltigkeit und damit Steinsch.*

Beweis Sei I die Menge der Multi-Indizes $\nu = (\nu_0, \ldots, \nu_n)$ mit $\nu_0 + \cdots + \nu_n = k$. Dann ist $\sharp(I) := \binom{n+k}{k}$ die Anzahl der Elemente von I und damit die Anzahl der Monome $\mathbf{z}^\nu = z_0^{\nu_0} \cdots z_n^{\nu_n}$, $\nu \in I$. Wir setzen $N := \sharp(I) - 1$ und definieren die *Veronese-Abbildung* $v_{k,n} : \mathbb{P}^n \to \mathbb{P}^N$ durch

$$v_{k,n}(z_0 : \ldots : z_n) := (\mathbf{z}^\nu \mid \nu \in I). \tag{2.56}$$

Man kann zeigen, dass $v_{k,n}$ eine Einbettung ist, und deshalb die Bildmenge $V_{k,n} = v_{k,n}(\mathbb{P}^n)$ eine projektiv-algebraische Untermannigfaltigkeit von $\mathbb{P}^N$. Man nennt sie eine *Veronese-Mannigfaltigkeit.*

Ist nun p ein homogenes Polynom vom Grad k mit Nullstellenmenge Z, so gibt es komplexe Zahlen a_ν, $\nu \in I$, so dass $p = \sum_{\nu \in I} a_\nu \mathbf{z}^\nu$ ist. Es folgt, dass

$$v_{k,n}(Z) = V_{k,n} \cap \left\{ (w_\nu)_{\nu \in I} : \sum_{\nu \in I} a_\nu w_\nu = 0 \right\} \tag{2.57}$$

der Durchschnitt von $V_{k,n}$ mit einer Hyperebene $H \subset \mathbb{P}^N$ ist. Deshalb ist $\mathbb{P}^n \setminus Z \cong v_{k,n}(\mathbb{P}^n \setminus Z) = V_{k,n} \cap (\mathbb{P}^N \setminus H)$ affin-algebraisch. $\qquad\Box$

Bekanntlich gibt es im $\mathbb{C}^n$ keine kompakte Untermannigfaltigkeit positiver Dimension. Dieses Ergebnis lässt sich noch verallgemeinern:

Theorem 2.68 *Sei X eine holomorph-ausbreitbare Mannigfaltigkeit (also zum Beispiel eine Steinsche Mannigfaltigkeit). Dann ist jede kompakte Untermannigfaltigkeit von X endlich.*

Beweis Sei $Y \subset X$ eine kompakte Untermannigfaltigkeit. Ist $x_0 \in Y$, so gibt es Funktionen $f_1, \ldots, f_n \in \mathcal{O}(X)$, so dass x_0 isoliert in $N(f_1, \ldots, f_n)$ liegt. Das bedeutet, dass es eine offene Umgebung $U = U(x_0) \subset X$ mit $U \cap N(f_1, \ldots, f_n) = \{x_0\}$ gibt. Weil die f_ν auf Y konstant $= 0$ sind (wegen des Maximumprinzips), ist $U \cap Y = \{x_0\}$. Damit ist jeder Punkt von Y isoliert in X, und Y ist endlich. $\square$

Abgeschlossene Untermannigfaltigkeiten von kompakten Mannigfaltigkeiten sind natürlich auch kompakt. Es bleibt aber die Frage, ob es in nicht kompakten und nicht Steinschen Mannigfaltigkeiten kompakte Untermannigfaltigkeiten geben kann. Beispiele dafür kann man finden, indem man in einer Mannigfaltigkeit X eine kompakte Untermannigfaltigkeit A (also zum Beispiel auch einen einzelnen Punkt) herausschneidet und durch eine andere Untermannigfaltigkeit A' ersetzt, so dass $X' := (X \setminus A) \cup A'$ wieder eine Mannigfaltigkeit ist. Man nennt X' dann eine **Modifikation** von X.

Wir wollen zum Beispiel den Nullpunkt im $\mathbb{C}^{n+1}$ durch einen n-dimensionalen komplex-projektiven Raum ersetzen. Das geht folgendermaßen: Ist $\pi : \mathbb{C}^{n+1} \setminus \{0\} \to \mathbb{P}^n$ die kanonische Projektion, so bestimmt jede komplexe Gerade $\mathbb{C}\mathbf{v}$ durch $\mathbf{0}$ ein Element $x = \pi(\mathbf{v})$ im projektiven Raum, und x bestimmt die Gerade $\ell(x) = \pi^{-1}(x) \cup \{0\}$, so dass $\mathbb{C}\mathbf{v} = \ell(\pi(\mathbf{v}))$ ist. Jetzt setzen wir den $\mathbb{P}^n$ so ein, dass wir den Punkt x erreichen, wenn wir uns entlang $\ell(x)$ dem Nullpunkt nähern.

Wir definieren

$$F := \{(\mathbf{w}, x) \in \mathbb{C}^{n+1} \times \mathbb{P}^n : \mathbf{w} \in \ell(x)\}. \tag{2.58}$$

F ist eine sogenannte **Inzidenzmenge.** Zunächst zeigen wir, dass F eine $(n+1)$-dimensionale komplexe Mannigfaltigkeit ist. Tatsächlich gilt:

$$(\mathbf{w}, \pi(\mathbf{z})) \in F \iff \mathbf{z} \neq \mathbf{0}, \text{ und } \exists \lambda \in \mathbb{C} \text{ mit } \mathbf{w} = \lambda \mathbf{z}$$
$$\iff \exists i \text{ mit } z_i \neq 0 \text{ und } w_j = (w_i/z_i) \cdot z_j \text{ für } j \neq i \tag{2.59}$$
$$\iff \mathbf{z} \neq \mathbf{0} \text{ und } z_i w_j - w_i z_j = 0 \text{ für alle } i, j.$$

Also ist F eine analytische Teilmenge von $\mathbb{C}^{n+1} \times \mathbb{P}^n$, mit

$$F \cap (\mathbb{C}^{n+1} \times U_0) \cong \{(\mathbf{w}, \mathbf{t}) \in \mathbb{C}^{n+1} \times \mathbb{C}^n \ : \ w_j = w_0 t_j \text{ für } j = 1, \dots, n\}. \quad (2.60)$$

In $\mathbb{C}^{n+1} \times U_i$ (für $i > 0$) gibt es eine ähnliche Darstellung. Folglich ist F eine Untermannigfaltigkeit der Codimension n in der $(2n + 1)$-dimensionalen Mannigfaltigkeit $\mathbb{C}^{n+1} \times \mathbb{P}^n$. Die Abbildung $q := \mathrm{pr}_1|_F : F \to \mathbb{C}^{n+1}$ ist holomorph und bildet $F \setminus q^{-1}(\mathbf{0})$ biholomorph auf $\mathbb{C}^{n+1} \setminus \{\mathbf{0}\}$ ab, mit $q : (\mathbf{w}, x) \mapsto \mathbf{w}$ und $q^{-1} : \mathbf{w} \mapsto (\mathbf{w}, \pi(\mathbf{w}))$.

Das Urbild $q^{-1}(\mathbf{0}) = \{(\mathbf{0}, x) \ : \ \mathbf{0} \in \ell(x)\} = \{\mathbf{0}\} \times \mathbb{P}^n$ nennt man die *exzeptionelle Menge.* Man spricht bei der Abbildung $q : F \to \mathbb{C}^{n+1}$ vom *Hopf'schen σ-Prozess* oder der *Aufblasung* von $\mathbb{C}^{n+1}$ im Nullpunkt (Abb. 2.1).

Ist $\mathbf{w} \neq \mathbf{0}$ ein Punkt von $\mathbb{C}^{n+1}$ und (λ_n) eine Folge von komplexen Zahlen $\neq 0$, die gegen 0 konvergiert, so konvergiert $q^{-1}(\lambda_n \mathbf{w}) = (\lambda_n \mathbf{w}, \pi(\mathbf{w}))$ gegen $(\mathbf{0}, \pi(\mathbf{w}))$. Das ist die erwünschte Eigenschaft.

Abb. 2.1 Hopf'scher σ-Prozess

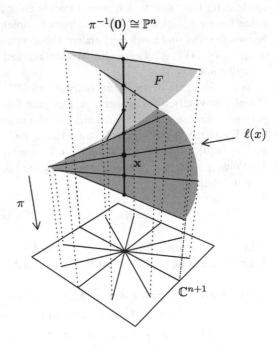

Man kann auch die zweite Projektion $p := \mathrm{pr}_2|_F : F \to \mathbb{P}^n$ betrachten. Da ist $p^{-1}(x) = \ell(x)$ jeweils die komplexe Gerade, die durch x bestimmt wird. Tatsächlich ist $p : F \to \mathbb{P}^n$ ein Geradenbündel, das sogenannte *tautologische Bündel* oder *Hopf-Bündel*.

Was Sie aus diesem *essential* mitnehmen können

In dieser Einführung in die Theorie der komplexen Mannigfaltigkeiten haben Sie folgendes kennengelernt:

- grundlegende Techniken beim Umgang mit holomorphen Funktionen von mehreren Veränderlichen
- die Definition von komplexen Mannigfaltigkeiten und daraus abgeleiteten Begriffen wie Untermannigfaltigkeiten, Produktmannigfaltigkeiten, holomorphe Abbildungen, Tangentialvektoren, Immersionen und Submersionen, sowie Vektorbündel und Vektorfelder
- komplexe Liegruppen und deren Anwendung als Transformationsgruppen auf komplexen Mannigfaltigkeiten
- die entscheidenden Unterschiede zwischen kompakten Mannigfaltigkeiten (ohne nicht-konstante globale holomorphe Funktionen) und Steinschen Mannigfaltigkeiten (mit vielen globalen holomorphen Funktionen)
- viele klassische Beispiele wie Tori, Überlagerungen, projektive Räume und projektiv-algebraische Mannigfaltigkeiten. Ein besonderes Gewicht wurde auf die Zusammenhänge zwischen komplexer und algebraischer Geometrie gelegt. Dazu gehört auch die Theorie der Modifikationen, eine Art Chirurgie, bei der kompakte Mannigfaltigkeiten glatt in andere Mannigfaltigkeiten eingesetzt werden.

© Der/die Autor(en), exklusiv lizenziert an Springer-Verlag GmbH, DE, ein Teil von Springer Nature 2024
K. Fritzsche, *Komplexe Mannigfaltigkeiten*, essentials,
https://doi.org/10.1007/978-3-662-69135-9

Anhang: Topologisches Wörterbuch

Ein *topologischer Raum* ist eine Menge X, zusammen mit einem System ausgezeichneter Teilmengen, welche die *offenen Mengen* von X genannt werden, so dass gilt:

1. Die leere Menge und der gesamte Raum X sind offen.
2. Endliche Durchschnitte und beliebige Vereinigungen von offenen Mengen sind wieder offen.

Eine Menge $A \subset X$ heißt *abgeschlossen* (in X), falls $X \setminus A$ offen ist.

Sind $\mathscr{T}$ und $\mathscr{T}'$ zwei Topologien (also Systeme offener Mengen) auf einer Menge X, so nennt man $\mathscr{T}'$ *feiner* als $\mathscr{T}$ (bzw. $\mathscr{T}$ *gröber* als $\mathscr{T}'$), falls jedes Element von $\mathscr{T}$ auch Element von $\mathscr{T}'$ ist. Die Topologie $\mathscr{T}'$ ist dann eine „*Verfeinerung*" von $\mathscr{T}$.

Eine Teilmenge $M \subset X$ heißt *Umgebung* eines Punktes $x_0 \in X$, falls es eine offene Menge U mit $x_0 \in U \subset M$ gibt. Man schreibt dann: $M = M(x_0)$.

Der topologische Raum X heißt ein *Hausdorff-Raum*, falls es zu je zwei Punkten $x \neq y$ Umgebungen $U = U(x)$ und $V = V(y)$ mit $U \cap V = \emptyset$ gibt.

Ist X ein topologischer Raum und $Y \subset X$ eine beliebige Teilmenge, so kann man Y mit der sogenannten *Relativtopologie* versehen: Man nennt eine Menge $U \subset Y$ *(relativ) offen* in Y, falls es eine offene Menge $\hat{U} \subset X$ mit $\hat{U} \cap Y = U$ gibt. Klar ist, dass sich die Hausdorff-Eigenschaft von X auf Y überträgt. Eine Teilmenge A in Y ist *(relativ) abgeschlossen* in Y, wenn $Y \setminus A$ offen ist. Eine solche Menge braucht in X keineswegs abgeschlossen zu sein.

Sei weiter X ein topologischer Raum und $M \subset X$ eine beliebige Teilmenge. Ein Punkt $x \in M$ heißt *innerer Punkt* von M, falls es eine Umgebung $U = U(x) \subset X$ mit $U \subset M$ gibt. Die Menge der inneren Punkte von M bezeichnet man als ihren *offenen Kern* M°. Die Menge M ist genau dann offen, wenn sie nur aus inneren

© Der/die Autor(en), exklusiv lizenziert an Springer-Verlag GmbH, DE, ein Teil von   55
Springer Nature 2024
K. Fritzsche, *Komplexe Mannigfaltigkeiten*, essentials,
https://doi.org/10.1007/978-3-662-69135-9

Punkten besteht. Ein Punkt $x_0 \in X$ heißt **Randpunkt** von M, falls jede Umgebung von x_0 einen Punkt von M und einen Punkt von $X \setminus M$ enthält. Mit ∂M bezeichnet man die Menge aller Randpunkte von M und spricht vom **Rand** von M. Vereinigt man die Menge M mit ihrem Rand, so erhält man ihre **abgeschlossene Hülle** $\overline{M}$. Offensichtlich ist $\partial M = \overline{M} \setminus M^\circ$.

Ein topologischer Raum X, der die „Überdeckungseigenschaft" besitzt (die besagt, dass jede offene Überdeckung von X eine endliche Teilüberdeckung enthält), wird **quasikompakt** genannt. Quasikompakte Hausdorffräume nennt man dann **kompakt**. Ist X ein Hausdorffraum und $K \subset X$ kompakt, so ist K abgeschlossen in X. X heißt **lokal kompakt**, falls jeder Punkt von X eine kompakte Umgebung besitzt.

Ein System $\mathscr{B}$ von offenen Mengen von X heißt **Basis der Topologie** von X, wenn jede offene Menge von X Vereinigung von Elementen von $\mathscr{B}$ ist. X erfüllt das **zweite Abzählbarkeitsaxiom**, wenn es eine abzählbare Basis der Topologie von X gibt.

Eine offene Überdeckung $\mathscr{U} = (U_\iota)_{\iota \in I}$ eines Raumes X heißt **lokal endlich**, falls es zu jedem Punkt $x_0 \in X$ eine Umgebung $U = U(x_0)$ gibt, die nur von endlich vielen U_ι getroffen wird. Ein Hausdorffraum X heißt **parakompakt**, falls es zu jeder offenen Überdeckung von X eine lokal endliche Verfeinerung gibt. Ein lokal kompakter Raum, der das zweite Abzählbarkeitsaxiom erfüllt, ist parakompakt.

Eine Abbildung $\varphi : X \to Y$ heißt **stetig**, falls für jede offene Menge $V \subset Y$ auch $\varphi^{-1}(V)$ offen in X ist. φ heißt **topologisch** oder ein **Homöomorphismus**, falls φ stetig und bijektiv und die Umkehrabbildung $\varphi^{-1} : Y \to X$ wieder stetig ist. Die Abbildung $\varphi : X \to Y$ heißt **lokal-topologisch**, falls es zu jedem Punkt $x \in X$ offene Umgebungen $U = U(x) \subset X$ und $V = V(\varphi(x)) \subset Y$ gibt, so dass $\varphi|_U : U \to V$ topologisch ist.

Ist X ein kompakter topologischer Raum und $\varphi : X \to Y$ stetig, so ist auch $\varphi(X)$ kompakt. Insbesondere gilt: Jede stetige Funktion $f : X \to \mathbb{R}$ nimmt auf X ihr Maximum und ihr Minimum an.

Ein topologischer Raum X heißt **zusammenhängend**, falls X und die leere Menge die einzigen Teilmengen von X sind, die zugleich offen und abgeschlossen sind. X heißt wegzusammenhängend, falls es zu zwei Punkten $x_0, x_1 \in X$ immer einen stetigen Weg $\alpha : [0, 1] \to X$ mit $\alpha(0) = x_0$ und $\alpha(1) = x_1$ gibt. Aus „wegzusammenhängend" folgt „zusammenhängend", die Umkehrung gilt nicht immer, wohl aber für offene Teilmengen des $\mathbb{C}^n$.

Ein **metrischer Raum** ist eine Menge X, zusammen mit einer Abbildung $d : X \times X \to \mathbb{R}$ (der „**Metrik**") mit folgenden Eigenschaften:

1. $d(x, y) \geq 0$ für alle $x, y \in X$, und $d(x, y) = 0 \iff x = y$.
2. $d(x, y) = d(y, x)$ für alle $x, y \in X$.
3. $d(x, z) \leq d(x, y) + d(y, z)$ für alle $x, y, z \in X$.

Die Zahlenräume $\mathbb{R}^n$ und $\mathbb{C}^n$ sind typische metrische Räume. Die „offenen Kugeln" $D_\varepsilon(x_0) := \{x \in X : d(x, x_0) < \varepsilon\}$ bilden die Basis einer Topologie auf dem Raum X. Metrische Räume sind immer lokal kompakte Hausdorffräume.

Mehr Details zu topologischen Räumen findet man in dem Buch „Topologie" von Klaus Jänich (Springer, 1980).

Literatur

1. K. Fritzsche, *Grundkurs Funktionentheorie*, 2.Aufl. (Springer Spektrum, Berlin, 2019)
2. K. Fritzsche, H. Grauert, *From Holomorphic Functions to Complex Manifolds*, (Springer, New York, 2002), pp. 1–42, 153–249
3. H. Grauert, K. Fritzsche, *Einführung in die Funktionentheorie mehrerer Veränderlicher*, (Springer, Berlin Heidelberg New York, 1974)
4. H. Grauert, R. Remmert, *Theory of Stein Spaces*, (Springer, Heidelberg, 1979)
5. J. Morrow, K. Kodaira, *Complex Manifolds*, (Holt, Rinehart and Winston Inc., Seattle, Washington, 1971)
6. R. Narasimhan, *Analysis on Real and Complex Manifolds*, (North-Holland Publ. Company, Amsterdam, 1968)
7. B. V. Shabat, *Introduction to Complex Analysis II (Functions of Several Variables)*, (Translations of Math. Monographs 110, AMS 1992)
8. I. R. Shafarevich, *Basic Algebraic Geometry 2 (Schemes and Complex Manifolds)*, 2nd Ed., (Springer, New York, 1994)
9. R. O. Wells Jr., *Differential Analysis on Complex Manifolds*, (Springer, New York, 1980)

© Der/die Autor(en), exklusiv lizenziert an Springer-Verlag GmbH, DE, ein Teil von
Springer Nature 2024
K. Fritzsche, *Komplexe Mannigfaltigkeiten*, essentials,
https://doi.org/10.1007/978-3-662-69135-9

Stichwortverzeichnis

Printed in the United States
by Baker & Taylor Publisher Services

Printed in the United States
by Baker & Taylor Publisher Services